# 电解水制氢催化剂

胡 觉 著

北 京
冶 金 工 业 出 版 社
2023

# 内 容 提 要

　　本书分为9章，第1章对开发氢能的重要性和目前的制氢技术进行了简述；第2章介绍了电解水阴极析氢反应和阳极析氧反应原理及高效催化剂的研究进展；第3~6章用实例介绍了电催化反应动力学模拟、催化剂表面结构精控、催化剂界面结构构筑等技术对催化剂析氢性能的调控；第7~9章用实例介绍了催化剂缺陷结构构筑、表面官能团精控等技术对催化剂析氧性能的调控。

　　本书可供从事氢能和新能源材料研究和开发的从业人员，以及高等院校新能源和材料专业高年级本科生和研究生阅读参考。

**图书在版编目(CIP)数据**

　　电解水制氢催化剂／胡觉著 .—北京：冶金工业出版社，2022.4
(2023.1重印)

　　ISBN 978-7-5024-9116-1

　　Ⅰ.①电…　Ⅱ.①胡…　Ⅲ.①水溶液电解—制氢—催化剂—研究　Ⅳ.①O646.51

　　中国版本图书馆 CIP 数据核字(2022)第 067305 号

**电解水制氢催化剂**

| | | | |
|---|---|---|---|
| 出版发行 | 冶金工业出版社 | 电　话 | (010)64027926 |
| 地　址 | 北京市东城区嵩祝院北巷 39 号 | 邮　编 | 100009 |
| 网　址 | www.mip1953.com | 电子信箱 | service@ mip1953.com |

责任编辑　张熙莹　美术编辑　彭子赫　版式设计　郑小利
责任校对　郑　娟　责任印制　窦　唯

北京虎彩文化传播有限公司印刷

2022 年 4 月第 1 版，2023 年 1 月第 2 次印刷

710mm×1000mm　1/16；11 印张；216 千字；168 页

定价 66.00 元

投稿电话　(010)64027932　投稿信箱　tougao@cnmip.com.cn
营销中心电话　(010)64044283
冶金工业出版社天猫旗舰店　yjgycbs.tmall.com
(本书如有印装质量问题，本社营销中心负责退换)

# 前　　言

随着能源需求的日益增长，化石燃料的消耗与 $CO_2$ 排放总量快速上升，"清洁、低碳、安全、高效"的能源变革已是大势所趋。可再生能源资源丰富、无污染，具有多途径利用和可持续性等优势，近年来其需求增长已成为能源总增量的重要组成。但是，可再生能源的利用往往受到时间、空间和气候变化等因素的制约，存在间歇性、不稳定性和分布不均匀性。

氢能被认为是人类永恒的能源、人类未来的能源，有望成为"后化石能源时代"的能源主体，催生可持续发展的氢能经济。氢能产业链由制氢—储运—加氢—用氢组成，制氢是氢能产业链的第一环，非常重要。使用间歇性的可再生能源发电、电解水制取的氢气被称为"绿氢"。绿氢能源的开发和利用能有效地将太阳能、风能等可再生能源产生的间歇性、难并网电能转化为氢能存储起来，是能真正实现"零碳"排放的最理想的氢能来源。但是电解水制氢过程中，阴极析氢反应和阳极析氧反应存在很高的过电位，导致电能的消耗量过大，电解水制氢的电力成本占总生产成本的 70% 以上，使制氢成本是煤制氢成本的 4~5 倍，严重影响绿氢产业的发展。提高制氢效率、降低制氢成本从根本上就是要降低电极反应的过电位，其核心问题在于提高催化剂效率。电解水制氢催化剂是绿氢能源开发的基础，也是绿氢产业发展中的瓶颈，实现电解水制氢催化剂性能的突破对实现我国"双碳"

战略目标至关重要。

近年来，高效电解水制氢催化剂的合成及性能调控成为备受关注、发展迅猛的前沿领域，鉴于此，作者系统总结了电解水制氢催化剂方面的研究进展，结合自己的研究经验及成果，著作本书。本书分为 9 章，第 1 章对开发氢能的重要性和目前的制氢技术进行了简述；第 2 章介绍了电解水阴极析氢反应和阳极析氧反应原理及高效催化剂的研究进展；第 3~6 章用实例介绍了电催化反应动力学模拟、催化剂表面结构精控、催化剂界面结构构筑等技术对催化剂析氢性能的调控；第 7~9 章用实例介绍了催化剂缺陷结构构筑、表面官能团精控等技术对催化剂析氧性能的调控。本书力图启发思路，可作为参考书供从事氢能和新能源材料研究和开发的读者使用。

感谢国家自然科学基金和云南省基础研究计划对本书的研究和编写工作的大力支持。

近年来相关理论研究和电解水制氢催化剂发展迅速，书中不足之处，敬请广大读者不吝批评指正。

作　者

2022 年 1 月

# 目　　录

# 1 绪 论

## 1.1 发展氢能的意义

化石能源的逐渐匮乏和地球生态环境的日益恶化是人类社会进入 21 世纪所面临的两大突出难题。"双碳"目标的提出展示了我国未来在发展理念、发展模式、实践行动上将积极参与和引领全球绿色低碳发展的决心。"十四五"时期成为推动减碳降碳协同增效、促进经济社会发展全面绿色转型、实现生态环境质量改善由量变到质变的关键时期。加快开发绿色能源不仅是解决能源和环境问题的必由之路,也是人类社会实现可持续发展的必由之路。

氢能是一种来源广泛、清洁无碳、灵活高效、应用场景丰富的二次能源,相较于传统化石能源和其他新能源,具有巨大优势:(1)资源丰富,氢以水的形式稳定存在,是宇宙中最丰富的元素,取之不尽用之不竭;(2)零碳能源,氢气的燃烧产物仅为水,氢能的利用可实现碳的零排放,同时还能从根本上消除 $CO$、$NO_x$、$SO_x$、粉尘等大气污染物的排放;(3)能量密度高,氢气的标准燃烧热值是 142.3kJ/g,是汽油和天然气的 2.7 倍,煤的 4.9 倍,除核燃料外,它是所有燃料中燃烧热值最高的;(4)能量转化效率高,利用氢燃料电池,氢气发生电化学反应直接转化为电能和水,不受卡诺循环限制,能量转化效率可达 60%,比内燃机高 20%~30%;(5)安全性高,氢气是无毒的,且氢气密度仅为空气密度的 7%,扩散系数是天然气的 318 倍,所以如果发生少量泄漏,氢气在空气中也可以快速扩散,迅速使浓度降低到着火点之下,即使发生爆炸也是在人群上空爆炸,对人类的生命安全和财产安全的威胁降到最低;(6)可储存性高,与电能、风能、核能和太阳能等的储存困难相反,氢能容易储存。可见,氢能具有储量丰富、清洁、高效、安全、储存方便等优点,被认为是可以取代煤、石油、天然气等化石燃料的最有前途和最有希望获得的绿色能源,将在构建清洁低碳、安全高效的新能源体系中发挥至关重要的作用[1]。

### 1.1.1 能源安全的保障

化石能源在地球的储备是有限的,从能源安全的角度考虑,一旦煤、石油和天然气等化石能源枯竭,人类的能源供应将成为一个重大问题,人类必须在化石能源之外，寻找新的能源来保障能源安全。另外，我国能源近年来对外依存度逐年递增。2015 年我国原油对外依存度突破 60% 红线；2020 年，我国原油和天然气对外依存度分别高达 70% 和 37.2%，国家能源安全面临严峻挑战[2]。氢能可部分替代石油和天然气，有望成为我国能源消费结构的重要组成部分，有助于提升我国能源安全水平。氢能作为二次能源，拥有来源多样、方便存储和运输、应用广泛等优势，因此氢能可以推动现有能源系统向更新型、更优化的方向发展，促进能源结构多元化并保障能源供应安全。氢能以较低的成本丰富了可再生能源的存储方式，可以帮助调节可再生能源能量波动。可再生能源和二次新能源，如氢能/电能的相互结合利用将会成为未来能源发展的趋势。

### 1.1.2 碳减排目标的实现

化石能源的使用会向大气中排放 $CO_2$，造成温室效应。自 1990 年以来，石油、煤和天然气就是主要的 $CO_2$ 排放源。2019 年，石油、煤和天然气的 $CO_2$ 排放量占总燃料燃烧排放量的比例分别为 33%、44% 和 23%。对于人类社会而言，气候变化是一项紧迫的威胁，并且具有潜在的不可逆转性。基于对这一点的认识，世界上绝大多数国家于 2015 年 12 月签订了《巴黎协定》。该协定的主要目标包括努力将全球升温限制在 1.5℃ 以内，并要求所有部门大幅度地减少温室气体排放。

"碳达峰、碳中和"战略目标，即力争在 2030 年前使我国二氧化碳排放达到峰值、2060 年前实现碳中和，是我国的国家战略，也是今后一段时期的重点任务。积极探索新型清洁能源有助于促进我国"碳达峰、碳中和"目标的实现，加快产业结构的优化。氢能来源丰富，质量能量密度高，使用过程环境友好，无碳排放，被认为是 21 世纪的理想能源。氢能作为清洁零碳的新能源，能够帮助难以脱碳行业实现碳减排的目标，发展氢能被多个国家提升至国家战略高度。一方面，由可再生能源制取氢气，氢气再转化为终端能源，有利于促进可再生能源消纳，加快能源结构绿色转型；另一方面，中国工业和交通业高度依赖传统化石能源，脱碳难度高，推行绿氢替代可促进绿色化工、绿色交通的发展，助力工业、交通业等碳密集行业实现碳中和。中国发展氢能在供需侧均具有独特优势。在氢气供给侧，中国具有丰富的煤制氢资源及化工副产氢，风光装机容量位列全球第一，在未来仍有极大扩展空间；在氢气需求侧，中国钢铁、水泥、多晶硅产量及汽车保有量均居全球首位，这为氢能利用提供了丰富的应用场景和广阔的市场[3]。2016 年，国家发展改革委员会、国家能源局印发《能源技术革命创新行动计划（2016—2030 年）》，将氢能列为 15 项能源技术革命重点任务之一，把可再生能源制氢、氢能与燃料电池技术创新作为重点任务。2020 年 5 月，《政府工作报告》提出引导加大氢燃料电池基础科研投入，鼓励能源企业建立稳定、便利、低成本的氢能供应体系，制定国家顶层氢能规划。

### 1.1.3 弃风、弃光、弃水难题的解决

从供应潜力看，2019 年我国全年弃风电量 169 亿千瓦时、弃光电量 46 亿千瓦时、弃水电量约 300 亿千瓦时，三者合计总弃电总量达到 515 亿千瓦时，理论上可制氢 92 万吨。使用可再生能源电解水制氢是氢能产业新的发展趋势，使用弃风、弃光、弃水打通制氢环节路线，可最大程度避免能源浪费，提高电解水制氢的经济性，符合绿色能源可持续发展需求，对于解决间歇性的可再生能源就地消纳，实现可再生能源多途径高效利用具有重要意义。通过电解水制氢储能，一方面可将氢作为清洁和高能的燃料融入现有的燃气供应网络，实现电力到燃气的互补转换；另一方面可在燃料电池等高效清洁技术方面将氢能直接利用。氢能既可通过燃料电池转变为电能作为电网调峰送回电网以提高风电上网电能品质，又可作为能源载体通过车载或管道方式进入工业（如交通、冶金、化工等行业）和商业领域[4]。利用可再生能源替代化石燃料的制氢，将是清洁、高效制氢的未来发展趋势，在氢能产业链的制氢—运氢—加氢—用氢四个环节中，制氢是龙头，要科学合理地选择制氢工艺路径，必须从源头满足环保、经济、安全、高效的要求，实现氢能的供给。从可再生能源中获得氢能，一方面解决了可再生能源的能量密度低、稳定性差等不可靠因素；另一方面解决了并网的不安全性及传统蓄电池储能不能长期储存的缺点，对于减少可再生能源的不必要浪费及就地消纳具有重要意义。

## 1.2 氢 的 制 备

目前，工业上 92% 的氢气来源于化石燃料制氢，也就是"灰氢"，这种方法虽然成本较低，但以化石燃料制取氢气，对释放的 $CO_2$ 不做任何处理，碳排放量高；另一种氢叫"蓝氢"，也是使用化石燃料制取，但与"灰氢"不同的是在制氢过程中会对释放的 $CO_2$ 进行捕集和封存，此法投资巨大，成本高，且对 $CO_2$ 减排比例的作用相当有限。制氢过程的必要条件是清洁高效、无污染，制氢原料正在从化石燃料向可再生能源（风能、太阳能、水能等）方向逐渐发展。由于风、光等可再生能源的波动性导致其难以直接并网大规模利用，使用间歇性的可再生能源发电、电解水制取的氢气叫"绿氢"。电解水制氢效率一般在 75%～85%，工艺过程简单，无污染，可获得高纯度氢气（纯度达 99.9%），还能有效地将太阳能、风能等可再生能源产生的间歇性、难并网电能转化为氢能存储起来，是能真正实现"零碳"排放的最理想的氢能来源。

### 1.2.1　化石燃料重整制氢

以煤、天然气、石油（包括轻烃、石脑油、重油）等化石燃料为原料的化学工业一般不是以氢气为最终产品，而是通过氢气进一步生产如氨、甲醇、液体燃料、天然气等化工产品或用氢气深度加工提高化工产品质量和产率。在煤炭资源丰富且相对廉价的国家，煤制氢是目前成本最低的制氢方式。从供应潜力看，中国当前煤化工行业发展较为成熟，煤制氢产量大且产能分布广，并可以基于当前的煤气化炉装置生产氢气，并利用变压吸附（PSA）技术将其提纯到燃料电池用氢要求。煤制氢需要大型的气化设备，煤制氢装置一次投资价格较高，单位投资成本（$1m^3/h$）在 1 万~1.7 万元之间，在大规模制氢条件下，制氢成本可降到约6.77~12.14 元/kg。但是煤制氢过程会排放大量 $CO_2$，据相关研究，煤制氢的碳排放水平达到约每千克 $H_2$ 排放 19kg $CO_2$，需要添加碳捕集、封存和利用（CCUS）技术和设备加以控制。利用 CCUS 技术能有效降低生产过程的碳排放水平，国外已有天然气蒸汽重整制氢（SMR）+CCUS 结合生产的案例，采取稀释烟气捕获 $CO_2$ 的技术路径可减少90%以上的碳排放量。结合 CCUS 的煤制氢将增加130%的运营成本及5%的燃料和投资成本，增加约 12.1 元/kg 的制氢成本，这项结合 CCUS 的煤制氢技术的经济性暂未体现。此外，煤制取氢气中含有硫、磷等强吸附性的杂质，检测、提纯难度较高。

蒸汽重整制氢（SMR）在天然气制氢技术中发展较为成熟、应用较为广泛。根据天然气价格的变化，天然气制氢成本在 7.5~24.3 元/kg，其中天然气原料成本占到70%~90%。蒸汽重整制氢过程需要将原料气的硫含量降至 0.0001%以下，以防止重整催化剂的中毒，因此制得氢气的杂质浓度相对较低。然而，中国天然气资源供给有限且含硫量较高，预处理工艺复杂，导致国内天然气制氢的经济性远低于国外。

### 1.2.2　工业副产氢

在工业生产过程中，利用富含氢气的终端废弃物或者副产物作为原料，采用变压吸附（PSA）法可以回收提纯以制取氢气。工业副产氢主要来自焦炉煤气制氢和氯碱副产品制氢（简称副产氢），其中钢铁行业和炼焦行业的焦炉煤气中氢气含量高、数量庞大，占工业副产氢总量的90%以上。另外，中国也是氯碱工业产能最大的国家，每年的烧碱产量可达 3000 万吨以上。烧碱的产量与副产品氢气的产量配比基本为 40∶1，每年副产氢 70 万吨以上。经过 PSA 提氢装置处理去掉杂质后，可获得高纯度氢气（纯度可达 99.000%~99.999%），与燃料电池所需氢气的标准匹配度高，可以有效地供应给燃料电池。离子膜电解的副产氢纯度一般在 99.99%以上，CO 含量较低且不含有机硫和无机硫。但氯碱副产氢中含有微量的氯和少量氧，对燃料电池有毒害作用，使膜电极电导率降低，影响发电效率，且易造成管道、设备腐蚀发生安全事故。氯碱工业副产氢生产成本约为12.1~15.4元/kg，用变压吸附提纯成本在1.1~4.4元/kg，综合成本为13.2~19.8元/kg。单个氯碱化工企业可利用的放空副产氢量较小，且产能比较分散，但其比较接近氢能应用下游市场，氯碱工业副产氢更适合用于短距离、小规模的分布式氢源供应。

### 1.2.3 电解水制氢

电解水制氢对未来清洁可持续能源的使用至关重要。电解水制氢是在直流电的作用下，通过电化学过程将水分子解离为氢气和氧气，分别在阴、阳两极析出。根据使用的电解质不同，主要可分为碱性电解水、质子交换膜（PEM）电解水、固体氧化物电解池（SOEC）电解水三大类。目前国内碱性电解水制氢成本在各电解水制氢技术路线中最具经济性。对比目前已经商业化的碱性电解与PEM电解两条技术路线的制氢成本，电解槽成本在制氢系统设备成本中的占比分别为50%和60%，假设年均全负荷运行7500h，使用电价为每千瓦时0.3元，则碱性电解与PEM电解水的制氢成本分别为约21.6元/kg和31.7元/kg，其中电费成本是制氢成本构成的主要部分，占比分别为86%和53%。碱性电解与PEM电解水制氢的成本存在差异，一方面是商业化发展阶段不同，碱性电解槽基本实现国产化，价格为2000~3000元/kW；PEM电解槽由于关键材料与技术仍需依赖进口，价格为7000~12000元/kW。另一方面是制氢规模不同，国内PEM电解槽单槽制氢规模（标态）约200m³/h，但国内还未有大规模制氢应用的案例；碱性电解槽单槽产能（标态）已达到1000m³/h，国内已有兆瓦级制氢应用，规模化使其在设备折旧、土建折旧、运维成本上低于PEM电解。然而，目前电价很难达到每千瓦时0.3元的价格，使得当前电解水制氢尚未体现经济性，可见大规模电解水制氢首要问题是要突破成本困境，主要可考虑以下几种途径：

（1）降低电解过程中的能耗。根据热力学原理可以估算出电解水制备常温常压（25℃，101.325kPa）下1m³氢气和0.5m³氧气的最低电耗（或热力学电耗）为2.95kW·h。由于电解池阴极和阳极上的动力学过电位较大，使得实际电耗要大得多。2019年，在大连化物所李灿院士团队及合作企业的电解水制氢示范程中，当电流密度稳定在4000A/m²时，单位制氢能耗低于4.1kW·h/m³，能效值大于86%；当电流密度稳定在3000A/m²时，单位制氢能耗低于4.0kW·h/m³，能效值约为88%。由此可见，开发高效电解水催化剂、降低电解过程中的能耗非常重要。

（2）充分利用可再生能源。中国可再生能源丰富，但地域性分布存在差异。东北、西北等地区可再生能源制氢潜力较大，其中宁夏风能资源总储量2253万千瓦，太阳能光伏电站可开发规模约 1750 万千瓦；吉林省白城具有约 1600 万千瓦风能、约 1300 万千瓦光电的开发潜力。中国水电资源可开发装机容量约为 6.6 亿千瓦，年发电量可达 3 万亿千瓦时，目前水电装机容量和年发电量已突破 3 亿千瓦和 1 万亿千瓦时。水电在丰水期需要调峰防水，产生大量的弃水电能，如果能将这部分能源充分利用起来进行电解水制氢，所产生的经济效益是相当可观的。中国风力资源也非常丰富，可利用风能约 2.53 亿千瓦时，相当于水力资源的 2/3，但由于风电的不稳定特性，较难上网，每年弃风限电的电量规模庞大，仅 2010—2015 年，弃风电量累计达 997 亿千瓦时，直接经济损失超过 530 亿元。虽然近几年电网建设逐渐完备及相关配套政策的保护，弃风电量仍然巨大，仅 2018 年 10 月，新疆弃风电量就达 4.9 亿千瓦时[5]。目前，中国电解水制氢在氢气总需求量中的占比不到 1%，根据中国氢能联盟预测，到 2050 年绿氢占比将达到氢气总需求量的 70% 以上，电解水制氢的供应潜力巨大。

绿氢生产是未来中国氢能供应与应用体系发展的关键环节，电解槽是利用可再生能源生产绿氢的关键设备。其技术路线、性能水平、成本的发展是影响绿氢市场趋势的重要因素。PEM 电解水和碱性电解水技术目前已商业化推广，未来具备较强的商业价值。长期来看，PEM 电解槽的成本和市场份额将逐渐提高，与碱性电解槽接近持平，并根据各自与可再生能源电力系统的适配性应用在光伏、风电领域。基于上述基本假设，中国绿氢生产环节电解设备将是千亿级的市场。中国氢能需求到 2030 年将超过 3500 万吨，到 2050 年将接近 6000 万吨，可再生能源电解水制氢将逐步作为中国氢能供应的主体，在氢能供给结构的占比将在 2040 年、2050 年分别达到 45%、70%。随着氢能供需量的提升，制氢系统装机规模将大幅提高，规模经济将有效降低单位投资，设备折旧在成本中的比例降低，因此可以通过减少设备的满负荷利用小时数以降低平均用电成本，从而降低制氢成本，促进氢燃料电池应用的经济性。至 2050 年，中国电解槽系统的装机量将达到 500GW，市场规模将突破 7000 亿元。

# 2 电解水制氢基础

在过去一个世纪里，由于全球经济的发展和人口的增长，全世界的能源需求持续增长。能源需求预计将从 2010 年的 16TW 增长到 2030 年的 23TW，预计到 2050 年增长为 30TW。目前，我国的能源结构依然以化石能源为主。2019 年，我国的能源结构中，煤炭占比 56.9%，石油占比 19.3%，天然气占比 8.1%，三者累计占比 83.7%，非化石能源仅占 16.3%。因此，发展一种可替代化石燃料的可再生清洁燃料是当务之急。氢气（$H_2$）是最有吸引力的燃料之一。$H_2$ 具有最高的能量密度，因其唯一的燃烧产物是无污染的水，使其成为一种优良的能量载体和未来低碳能源系统的潜在候选物。另外，与石油和天然气不同的是，氢气不是能量，只是储存和运输能量的载体。在众多的新能源替代策略中，使用氢气作为主要能源载体建造的能源基础设施最终可以创造一个安全、清洁的能源未来。地球上无天然存在的氢气，因此我们在使用前必须先制备氢气。目前，全球每年氢产量超过 5000 亿立方米，这些氢气大部分用于提炼石油和生产化肥及其他化学品。目前工业上有三种主要的制氢途径，即化石燃料重整、工业副产氢和水电解。而只有 4% 的氢气是通过水电解制备的。显然，目前主要的氢气生产仍然强烈依赖化石燃料，但化石燃料是一种有限且不可再生的资源。基于化石燃料的制氢技术不能真正地解决污染和二氧化碳排放问题。例如，在甲烷重整反应过程中，碳氢化合物和水在高温下反应生成氢气的同时，也排放了 $CO_2$，$CO_2$ 作为温室气体最终被排放到大气中，这种制备氢气的方法显然违背了通过使用氢能来减少空气污染和全球变暖的初衷。可持续的氢生产是未来氢经济发展的前提，电解水是以电催化为驱动力的清洁制氢技术，是实现可持续氢生产的理想途径。

电解水以水为原料，水是一种丰富的可再生氢资源，当两个 $H_2O$ 分子分裂成一个 $O_2$ 和两个 $H_2$ 分子时，可以在化学键中储存 4.92eV 的能量，并且没有温室气体和其他污染气体排放[6]。同时，太阳能、风能或其他可再生资源产生的电力可作为电解水制氢的驱动力。太阳能和风能技术正在全球尤其是在中国、欧洲、美国和日本等国家和地区蓬勃发展，这也为电解水制氢技术的应用打下了良好的基础。"十三五"期间，我国可再生能源发电技术取得了飞速发展，截至 2021 年 8 月，全国发电总装机容量 22.8 亿千瓦，其中，水电总装机容量为 3.8 亿千瓦，在全国发电总装机容量里占比为 16.67%；风电装机容量为 3.0 亿千瓦，占比为 13.16%（其中，陆上风电和海上风电分别为 28317 万千瓦和 1215 万千瓦）；太阳能发电装机容量 2.8 亿千瓦，占比为 12.28%（其中，光伏发电和光热发电分别为 27461 万千瓦和 52 万千瓦）。虽然光电、风电等可再生能源装机容量大、占比高，但是由于其间歇性、不稳定等特点，真正能并网使用的电量却不大。2020 年，我国并网太阳能发电量 2611 亿千瓦时，占全国全口径发电量的 3.43%，并网风电发电量为 4665 亿千瓦时，占全国全口径发电量的 6.12%。氢气作为能量载体，可将风能、太阳能等间歇性、无法储存的能量储存起来，能有效解决风能、太阳能的有效利用等问题。

由于电解水是通过提供电力来克服热力学势垒而发生的，因此阳极和阴极反应都必须采用合适的电催化剂来降低超电势（$\eta$，又称过电位，是氧化还原反应的理论值和实验值之间的电势差）。对于阴极的析氢反应，铂基催化剂具有最佳的氢吸附自由能 $\Delta G_H$、高交换电流密度 $j_0$、小的塔菲尔（Tafel）斜率和接近 100% 的法拉第效率，被认为是最有效的析氢反应（HER）催化剂。同时，铱和钌基催化剂在阳极反应过程中形成活性表面氧化层，为析氧反应（OER）提供了最佳的催化位点。然而，由于铂、铱和钌的高价格及它们在地壳中的稀缺，使电解水技术的工业化应用受到限制。因此，减少贵金属负载量、开发具有高催化活性和稳定性的非贵金属催化剂来替代贵金属催化剂成为必然趋势。

# 2.1　电解水反应的基本原理

## 2.1.1　电解水反应机理

电解水的电解池通常由三部分组成：电解质、阴极和阳极。析氢（HER）催化剂和析氧（OER）催化剂分别涂覆在阴极和阳极的表面，以加速水的电解。将施加到电极上的外部电压作为驱动力，使水分子分解成氢气和氧气（见式（2-1））。氢可以储存起来作为燃料，氧被释放到大气中。因此，水分解反应可以被分为两个半反应：水还原反应（析氢反应（HER），见式（2-2））和水氧化反应（析氧反应（OER），见式（2-3））。

$$2H_2O \longrightarrow 2H_2 + O_2 \tag{2-1}$$

酸性环境下：

阴极反应：　　$4H^+ + 4e \longrightarrow 2H_2$　　　　　$E_c^\ominus = 0V(\text{vs. SHE})$ 　　(2-2)

阳极反应：　　$2H_2O \longrightarrow O_2 + 4H^+ + 4e$　　$E_a^\ominus = 1.23V(\text{vs. SHE})$ 　　(2-3)

　碱性环境下：

阴极反应：　$4H_2O + 4e \longrightarrow 2H_2 + 4OH^-$　　$E_c^\ominus = -0.83V(\text{vs. SHE})$ 　　(2-4)

阳极反应：　　$4OH^- \longrightarrow 2H_2 + 2H_2O + 4e$　　$E_a^\ominus = 0.40V(\text{vs. SHE})$ 　　(2-5)

电化学 HER 过程涉及三个可能的主要步骤[7]，第一步是 Volmer 反应（见式（2-6）和式（2-7）），其中质子与电子反应生成电极材料表面（M）上的吸附氢原子（H*）。质子源分别是酸性电解质和碱性电解质中的水合氢离子（$H_3O^+$）和水分子。随后，$H_2$ 的形成可能通过 Heyrovsky 反应（见式（2-8）和式（2-9））或 Tafel 反应（见式（2-10））或两者兼而有之。在 Heyrovsky 步骤中，另一个质子扩散到 H*，然后与第二个电子反应生成 $H_2$。在 Tafel 步骤中，附近的两个 H* 在电极表面结合以生成 $H_2$。HER 反应历程如图 2-1 所示。

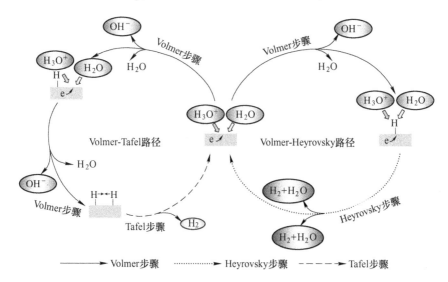

图 2-1　电极表面 HER 机理 Volmer-Tafel 路径和 Volmer-Heyrovsky 路径反应历程示意图

析氢反应：

（1）电化学氢吸附（Volmer 反应）：

酸性环境下：
$$H_3O^+ + M + e \longrightarrow MH + H_2O \tag{2-6}$$

碱性环境下：
$$H_2O + M + e \longrightarrow MH + OH^- \tag{2-7}$$

（2）电化学解吸（Heyrovsky 反应）：

酸性环境下：
$$H_3O^+ + e + MH \longrightarrow H_2 + M + H_2O \tag{2-8}$$

碱性环境下：
$$H_2O + e + MH \longrightarrow H_2 + OH^- + M \tag{2-9}$$

（3）化学解吸（Tatel 反应）

$$2MH \longrightarrow H_2 + 2M \tag{2-10}$$

不管水分解发生在哪种介质中，在 25℃ 和 101.325kPa（1atm）的条件下，水分解的外加电压都为 1.23V，值得注意的是，水分解的热力学电压与温度有关，可以通过提高电解温度来降低分解电压。但是在实际反应中，必须施加比理论分解电压（1.23V，25℃）高的电压才能使电解水反应正常进行。过电位 $\eta$，主要用于克服阳极（$\eta_a$）和阴极（$\eta_c$）上存在的固有活化能垒，以及其他的电阻，如溶液电阻和接触电阻造成的电压降 $\eta_{others}$，因此，电解水的实际工作电压 $E_{op}$ 可表示为：

$$E_{op} = 1.23V + \eta_a + \eta_c + \eta_{others} \tag{2-11}$$

从式（2-11）可以看到，通过合适的方法降低反应过电位，是降低水分解反应能耗的关键。事实上，可以通过优化电解池的设计来降低 $\eta_{others}$，而 $\eta_a$ 和 $\eta_c$ 必须分别通过高活性析氧和析氢催化剂来减小。基于可持续的、元素含量丰富的高效电解水催化剂的发展，使整个水分解反应更加经济化。除了电极材料之外，电极的有效活性面积也是决定反应过电位的一个重要因素，通过优化电极的制备方法，例如引入纳米结构，可以提高电极的电化学活性表面积。值得注意的是，在电解水的过程中，电极表面会产生大量气泡，并且一些气泡不会立即脱离电极表面，这直接导致有效活性面积的损失，从而使反应过电位增高。

析氧反应是电解水反应（见式（2-1））的阳极半反应。值得注意的是，在酸性条件下（见式（2-2）、式（2-3））和碱性条件下（见式（2-4）、式（2-5）），电解水反应的阴极和阳极两个半反应是不同的。许多研究小组已经提出了在酸性条件下（见式（2-12）~式（2-15））或碱性条件下（见式（2-17）~式（2-21））阳极析氧反应的可能机理，这些机制之间有相同点和不同点。

酸性环境下 OER 反应历程（M 表示催化剂）：

$$M + H_2O \longrightarrow MOH + H^+ + e \tag{2-12}$$

$$MOH \longrightarrow MO + H^+ + e \tag{2-13}$$

$$2MO \longrightarrow 2M + O_2 \tag{2-14}$$

$$MO + H_2O(1) \longrightarrow MOOH + H^+ + e \tag{2-15}$$

$$MOOH + H_2O(1) \longrightarrow M + O_2 + H^+ + e \tag{2-16}$$

碱性环境下 OER 反应历程（M 表示催化剂）：

$$M + OH^- \longrightarrow MOH + e \tag{2-17}$$

$$MOH + OH^- \longrightarrow MO + H_2O + e \tag{2-18}$$

$$2MO \longrightarrow 2M + O_2 \tag{2-19}$$

$$MO + OH^- \longrightarrow MOOH + e \tag{2-20}$$

$$MOOH + OH^- \longrightarrow M + O_2 + H_2O + e \tag{2-21}$$

大多数被发现的反应历程包含相同的中间产物，如 MOH 和 MO，而主要的不同在于生成氧气的反应。值得注意的是，从 MO 中间物生成氧有两条不同的途径（见图 2-2）[8]。一条是 M—O 直接结合产生 $O_2(g)$（见式（2-14）和式（2-19）），另一条则涉及 MOOH 中间体的形成（见式（2-15）和式（2-20））和随后的 MOOH 中间体分解成 $O_2(g)$（见式（2-16）和式（2-21））。尽管存在这些差异，已达成的共识是电化学析氧反应是一个多相反应，其中反应中间体（MOH、

MO 和 MOOH）内的成键相互作用（M—OH、M—O、M—OOH）对催化剂电催化能力至关重要。

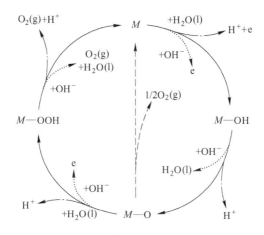

图 2-2　酸性和碱性环境下可能的析氧反应历程示意图

## 2.1.2　火山图

从 HER 机理可知 HER 通常包含三个反应步骤，以酸性介质中的 HER 为例，第一步是 Volmer 步骤：$H^+ + e \rightarrow H_{ad}$，这表明在电极上电子与质子的反应产生一个吸附态的氢原子（$H_{ad}$，同 $H^*$）；催化剂产生吸附态的氢原子后，析氢反应可以通过 Tafel 步骤继续进行（$2H_{ad} \rightarrow H_2$），或者通过 Heyrovsky 步骤（$H_{ad} + H^+ + e \rightarrow H_2$）进行，或者两个步骤同时进行。不管通过以哪种途径进行，析氢反应过程中总会产生吸附态的氢原子 $H_{ad}$。根据 Sabatier 原理，催化剂与反应中间体之间的相互作用应该是适当的。如果相互作用太弱，太少的中间体与催化剂表面结合，减缓反应；如果相互作用太强，反应产物就不能通过阻断位点来解离和停止反应。从物理化学的角度来看，$H^*$ 吸附和 $H_2$ 解吸都可以通过测量 HER 反应过程的 $\Delta G_H$ 来评估。因此催化剂对氢的吸附自由能 $\Delta G_H$ 被广泛用来评价催化剂的 HER 性能。Sabatier 原则规定，在理想条件下 $\Delta G_H$ 应该等于零。Parsons 建立了一个"火山型"图，将交换电流密度 $j_0$ 值与 $\Delta G_H$ 联系起来。基于实验 $j_0$ 值与密度泛函理论（DFT）计算的 $\Delta G_H$ 之间的相关性，确定了"火山型"趋势（见图 2-3）。火山峰位于 $\Delta G_H = 0$ 处；当 $\Delta G_H > 0$ 时，$H^*$ 吸附相对较弱，导致固体电催化剂上吸附的质子浓度较低，需增强催化剂与 $H^*$ 的结合；随着 $\Delta G_H$ 的减小，$j_0$ 值增加，催化性能提高；当 $\Delta G_H < 0$ 时，$H^*$ 吸附相对较强，导致催化剂的活性中心总是被吸附的 $H^*$ 占据，出现 $j_0$ 随 $\Delta G_H$ 值的减小而下降的趋势。例如，铂表面氢的吸附自由能 $\Delta G_H$ 为零，所以铂被认为是最好的 HER 催化剂。如果 $\Delta G_H$ 比较

大并且为负值时，吸附氢原子与电极表面紧密结合，使第一步 Volmer 反应易于进行，但是接下来的 Tafel 或 Heyrovsky 的步骤不易发生，$j_0$ 值减小，催化剂性能变差。如果 $\Delta G_H$ 比较大并且为正值时，吸附氢原子与电极表面相互作用较弱，导致了第一步 Volmer 步骤缓慢，限制了整个过程的反应速率。因此，最理想的非铂 HER 催化剂也应该提供合适的表面性质，并且具有接近零的 $\Delta G_H$。

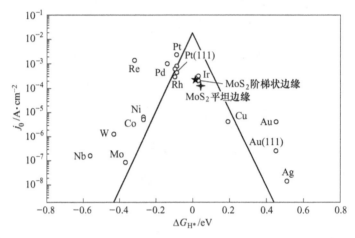

图 2-3   酸性介质中不同催化剂 $j_0$ 和 $\Delta G_H *$ 之间的 "火山型" 关系。

### 2.1.3  催化剂评价方法

为了表征电解水催化剂的催化活性，有一些重要的参数需要仔细测量或计算，主要包括过电位、Tafel 斜率、稳定性、法拉第效率及催化剂周转频率等。

（1）过电位。根据 Nernst 方程，在标准条件下，HER 参考标准氢电极（NHE）的 Nernst 电位为零。然而，实际的电解水工艺需要更大的电位来克服一些不利问题造成的动力学障碍，如高活化能和低能量效率。Nernet 电位（$E^{\ominus}$）与驱动 HER 或 OER 所需电位之差称为 HER 过电位 $\eta_{HER}$ 或 OER 过电位 $\eta_{OER}$。如驱动 HER 电位 $E_{HER}$ 可以表示为 $E_{HER} = E^{\ominus} + \eta_{HER}$。同时，由于电催化剂的内阻、溶剂电阻和电化学系统、电线、设备等的接触电阻，存在着不可避免的系统内阻 $R_s$，这带来了欧姆电位下降，需要对电流密度进行校正 $iR_s$。因此，驱动 HER 所必需的电位由式（2-22）进一步表达：

$$E_{HER} = E^{\ominus} + iR_s + \eta \tag{2-22}$$

通常，为了比较不同催化剂之间的活性，故意列出当电流密度为 1mA/cm² （$\eta_1$）、10mA/cm² （$\eta_{10}$）和 100mA/cm² （$\eta_{100}$）相对应的三个特殊的 $\eta$ 值。$\eta_1$ 通常被称为 "起始过电位"，这表明了 HER 的起点。$\eta_{10}$ 通常用于比较 HER 中各种催化剂的活性，较小的 $\eta_{10}$ 表明活性较高。然而，直接比较 $\eta_{10}$ 值可能无法区分催化剂的活性，因为在相同的几何面积下，活性物质在电极上的负载可能完全不同。因此，为了确定和比较所开发的催化剂的实际活性，在特定电极载体上负载标准量的催化剂，有利于正确评估催化剂的活性。$\eta_{100}$是催化剂评价在实际应用中的另一个重要标准。

（2）Tafel 斜率。Tafel 斜率 $b$ 是催化剂的内在性质，与反应速率密切相关。根据 Butler-Volmer 方程：

$$j_k = j_0 \times [e^{\frac{\alpha nF\eta}{RT}} - e^{\frac{-(1-\alpha)nF\eta}{RT}}] \tag{2-23}$$

式中，$j_k$ 为动力学电流；$\alpha$ 为电荷转移系数。

在高过电位区域，$e^{\frac{-(1-\alpha)nF\eta}{RT}} \ll e^{\frac{\alpha nF\eta}{RT}}$，因此式（2-23）可写为：

$$j_k = j_0 \times e^{\frac{\alpha nF\eta}{RT}} \tag{2-24}$$

式（2-24）可进一步改写为：

$$\eta = \frac{2.303RT}{\alpha nF}\lg j_k - \frac{2.303RT}{\alpha nF}\lg j_0 \tag{2-25}$$

通过将 $\eta$ 对 $\lg|j_k|$ 作图，得到 Tafel 曲线，在高过电位区域为一条直线，直线的斜率 $\frac{2.303RT}{\alpha nF}$ 即为 Tafel 斜率，用符号 $b$ 表示。Tafel 斜率 $b$ 是动力学电流密度增加 10 倍或减少至 1/10 所需的电位差，与催化剂的催化性能相关，通常认为Tafel 斜率越小，催化反应动力学越快速。Tafel 斜率也被用来经验性地定性判断HER 反应历程的限速步骤。能斯特扩散控制 HER 的最小 Tafel 斜率应为 $\frac{2.303RT}{2F}$（$n=2$，$\alpha=1$），即在 293K 时 $b=29\text{mV/dec}$。根据经验，Tafel 斜率在 29~38mV/dec 范围内，HER 主要表现出形成 $H_2$ 缓慢，Tafel 步骤为限速步骤。催化剂较高的 Tafel 斜率表明电荷转移步骤（Volmer 或 Heyrovsky）是限速步骤。如果 Volmer步骤动力学较快，则 Heyrovsky 步骤为限速步骤，那么 $n=2$，$\alpha=3/4$，293K 时的Tafel 斜率为 38mV/dec；如果 Heyrovsky 步骤动力学较快，则 Volmer 步骤为限速步骤，那么 $n=2$，$\alpha=1/4$，293K 时的 Tafel 斜率为 116mV/dec。当 Heyrovsky 和Volmer 步骤速率相当时，Tafel 斜率介于 38~116mV/dec 之间。值得注意的是，Tafel 斜率仅能对反应限速步进行定性地判断，这种判据不是准确的，且不能对反应真实历程提供证据。作者课题组开发出 HER 的双路径反应动力学模型，可对催化剂的实时反应动力学行为进行模拟，构建 HER 各基元反应步骤能垒图（见图 2-4），从而获得特定催化剂表面的真实 HER 反应历程，并能实现对反应有针对性地调控[9]。

（3）交换电流密度。交换电流密度 $j_0$ 反映了电催化剂与反应物之间固有的电荷转移相互作用，高交换电流密度通常作为催化剂性能优异的重要指标。由式

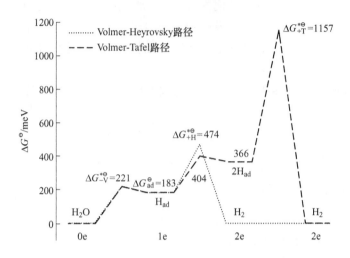

图 2-4　碱性溶液中 MoS$_2$ 上 0V 时 HER 各基元反应步骤能垒图

(2-10) 可知, 当通过将 $\eta$ 对 $\lg|j_k|$ 作图, 得到 Tafel 曲线, 在高过电位区域为一条直线, 直线的斜率为 Tafel 斜率, 由直线与 $X$ 轴的交点对应的横坐标值 $\left(\dfrac{2.303RT}{\alpha nF}\lg j_0\right)$ 可求得交换电流密度。

（4）电荷转移电阻。如前所述, HER 的基元反应步骤涉及 H 吸附到电极表面, HER 过程中催化剂表面的电荷转移电阻 $R_{ct}$ 值与催化剂-电解质-氢气三相界面的电荷转移过程直接相关, 影响催化剂表面对 H 的吸附难易程度。利用电化学交流阻抗谱（EIS）测试得到的 Nyquist 图可拟合出电化学测试系统内阻 $R_s$ 和催化剂表面发生 HER 的电荷转移电阻 $R_{ct}$[10]。$R_s$ 值可用来对电流密度进行校正, 计算催化剂的 HER 过电位, OER 反应同理。$R_{ct}$ 值越小表明三相界面的电荷转移过程越快, HER、OER 动力学过程越快速。

（5）稳定性。稳定性是评估催化剂实际应用潜力的另一个关键参数。稳定性测量有两种电催化方法：重复循环伏安法（CV）和恒电流法（或恒电位法）。重复循环伏安法是通过在特定电位区域内进行多次重复 CV 测试, 并比较某一循环运行前后（例如 10000 次运行）的过电位变化。多次电位循环后过电位的微小变化表明催化剂是稳定的。恒电流（或恒电位）法是使电催化剂在恒电流密度（或过电位）下监测电位（或电流密度）随时间的变化。对于恒电位方式, 施加的电流密度应大于 10mA/cm$^2$, 持续时间至少 10h。较长的持续时间没有电位（或电流）变化表明催化剂具有良好的稳定性。

（6）法拉第效率。法拉第效率是外部电路提供的电子参与 HER、OER 的效率，是评估电催化剂性能的另一个重要参数。在 HER 中，法拉第效率被定义为 HER 产生 $H_2$ 的实验量与理论量的比值，同理，在 OER 中，法拉第效率被定义为 OER 产生 $O_2$ 的实验量与理论量的比值。在恒电流或恒电位的测试条件下计算出氢气或氧气产生的理论量。用同一恒电流或恒电位电解产生的气相色谱监测氢气或氧气实际产生量，并将其与理论值进行比较，确定法拉第效率。

（7）周转频率（TOF）。催化剂的活性位点本征活性决定催化剂的性能，通常由单位质量或单位体积内催化剂的活性位点数量来确定。催化剂的周转频率（TOF）被定义为每个催化位点单位时间转化的产物分子总数。催化剂 TOF 值常用的计算方法有[11]：

$$TOF = jA/(4nF) \tag{2-26}$$

式中，$A$ 为工作电极的面积；$n$ 为用催化剂的物质的量。

然而，对于大多数固态催化剂，特别是对于一些复杂催化剂，要精确地获得 TOF 值并不容易，因为催化剂中的活性位点不都集中在催化剂的表面。

## 2.2 金属基催化剂研究进展

金属催化剂是电解水领域研究得最早的催化剂体系，根据组成可分为贵金属及其合金催化剂、非贵金属及其合金催化剂、多元金属催化剂等。金属基催化剂具有较高的 HER 催化性能，但由于金属单质易氧化的特性，金属基催化剂用于 OER 催化的研究较少。

### 2.2.1 贵金属催化剂

#### 2.2.1.1 铂

如图 2-3 所示，与其他金属相比，位于火山图顶端附近的铂族金属（PGM，包括铂、钯、钌、铱和铑）显示出最合适的氢吸附自由能，接近于零，使它们成为杰出的 HER 电催化剂。铂大约位于火山的顶峰处，是 HER 最有效的电催化剂，具有"准零"的起始过电位和一个小的 Tafel 斜率[12]。正如 Sabatier 原理所解释的，中等的催化剂-氢结合强度表明了氢在铂表面较优的吸附和解吸，从而使铂作为 HER 催化剂具有较高的 HER 催化活性。

为了增大铂的表面积，常合成铂纳米颗粒（NP）作为 HER 电催化剂，Pt NP 的大小、形状和表面晶面是影响 HER 催化活性的三个关键因素。一般来说，催化活性主要取决于 NP 的大小。随着 NP 尺寸的减小，铂的比表面积增大，表面暴露出更多的铂原子作为活性催化中心。而当进一步减小 Pt NP 尺寸到 2nm 以下时，Pt NP 的边缘位点与平面位点的数量比值随尺寸的减小而增大，具有更优吸附能力的平面位点显著减少，催化剂性能下降。不同形貌的 NP 通常暴露不同的晶面，从而导致表面的原子排列不同。例如，简单的纳米立方体、球体和八面体完全由(100)和(111)晶面包围。纳米粒子的催化性能可以在特定平面的暴露下得到改善，这些平面赋予了 Pt 不同的电子和几何结构。特殊的形貌包括超薄结构、纳米纤维、纳米颗粒、支化结构、凹/凸结构和多组分/多层核-壳结构，由于其独特的结构而使其具有优异的催化能力。NP 的形貌可以通过多种方法来调整，例如使用表面活性剂、卤化物添加剂或具有不同还原能力的还原剂进行种子介导生长。

　　虽然非贵金属材料，如过渡金属氮化物、硫化物和磷化物等作为 HER 催化剂具有很大的潜力，但铂基电催化剂仍然是最高效的 HER 催化剂。但铂的高成本和有限的资源量已经成为限制其广泛应用的最主要问题。常用的改进策略是提高铂的利用效率（UE）。第一种方法是控制电催化剂的尺寸和形状，以提高其比表面积。由于催化过程只涉及少数原子层表面或次表面，增加比表面积，特别是具有催化活性的电化学活性表面积，将改善其催化性能。通过在表面上暴露更多(110)晶面（已被证明是催化 HER 最活跃的晶面），可以有效地降低催化剂负载量。通过将铂颗粒的边缘长度从 11.7nm 降低到 3.9nm，铂的 UE 可以从 9.5 增加到 26.0。然而，铂纳米晶（NCS）由于内部应变能高和氧化刻蚀敏感性，其形状变化很有限，小的 NCS 在催化反应过程中容易发生聚集。团簇和单原子催化剂最近引起了广泛的关注，确立了一个新的研究方向，它涉及最小的铂负载量，但增加表面催化原子利用率可使其保持较高的活性和稳定性。在降低铂负载量的研究中，负载型单原子催化剂将整个贵金属含量暴露在反应物中从而导致铂的最大 UE。Lasonen 等人通过一种简单的电镀沉积方法，在单壁碳纳米管（SWCNT）的侧壁上开发了铂单原子或亚纳米团簇。在酸性条件下，用超低的铂载量获得了与商品化 Pt/C 相似的 HER 催化性能[13]。Chen 等人通过含氮聚合物的热解制备了氮掺杂碳负载的铂。扬州大学王宏归教授团队制备了氮掺杂碳纳米纤维。他们通过电化学沉积方法将 Pt NCS（$d = 3 \sim 5$nm）锚定在氮掺杂碳纳米纤维上，并发现碳纳米纤维催化 HER 活性受到氮掺杂比例的影响[14]。北京师范大学马淑兰教授团队采用一锅溶剂热法分别以水合肼和十八胺为还原剂和表面活性剂，生长分级枝晶状铂晶体催化 HER。有趣的是，类枝晶铂晶体具有很大比例的(220)表面，有利于提高其电催化活性[15]。

　　铂虽具有最佳的氢结合能，但在碱性条件下，铂表面 HO—H 键裂解效率低，导致 HER 催化活性差。因此，一种有效的策略是与合适的金属杂化，并与铂形成稳定的活性界面，以促进其表面水的分解，优化铂碱性 HER 催化性能。例如，Markovic 等人在铂上负载纳米级 $Ni(OH)_2$ 团簇。$Ni(OH)_2$ 作为一种三维过渡金属氧化物，与铂具有协同作用，可以促进水分子中 HO—H 键断键[16]。

根据 $d$ 带中心理论，接近费米能级的 $d$ 带中心表现出相对较强的吸附，而远离费米能级的则表现出较弱的吸附。因此，将铂与过渡金属（铁、钴、镍等）合金化，可以改变铂原子的配位环境和电子结构，从而提高铂的 UE。在第 2.2.3 节将进一步讨论将铂和其他金属合金化以降低铂负载并增加铂 UE 的方法。

### 2.2.1.2　钯

钯（Pd）广泛存在于地壳中，由于其原子尺寸与铂相似，被认为是铂的替代品。此外，钯不仅可以从气相中吸附大量的氢，而且还可以从电解质中吸附大量的氢。氢在钯中的吸附是通过两个不同的 $\alpha$ 相和 $\beta$ 相相转变进行的。$\alpha$ 相形成在氢的浓度很低时，以钯中的氢固溶体形式存在，氢与钯的原子比在室温下通常低于 $0.03 \sim 0.05$；而 $\beta$ 相形成在氢的浓度较高时，以金属氢化物形式存在，氢与钯比率大于 0.6。

种子的结晶度和各种晶面的生长速率决定了钯纳米结构的形貌。可以通过调节还原速率来控制钯种子的结晶度，在决定最终产物的形貌方面起着最重要的作用。各种形状如八面体、立方体或长方体，可能是从单晶种子进化而来的，这取决于沿(111)和(100)方向的生长速率的比率。当种子孪生时，生长的演化取决于(100)(111)和(110)面的稳定性[17]。

不同形貌的 Pd NP 暴露出的表面晶面不同，从而导致其电子结构和几何结构的明显差异。Jerkiewicz 小组报告了氢宿主材料的八面体 Pd NP 的制备，其平均尖端尺寸为 7.8nm。与块状钯材料或较大的 Pd NP 相比，这种八面体 Pd NP 由于其小尺寸和表面形貌而表现出很高的氢负载。电镜分析表明，这些 Pd NP 在重复电化学循环后仍能保持其结构完整性。热力学数据表明，八面体 Pd NP 比立方 Pd NP 或块状钯材料吸收的氢多得多[18]。三维（3D）Pd NP 具有更大的表面积比和更多的活性中心。利用 Kirkendall 效应、电偶置换、化学刻蚀、模板合成、Ostwald 成熟等方法，开发了空心或多孔三维 Pd NP。刘素丽教授团队开发了具有多孔结构的 Pd NP（NPAs）用于催化 HER 和氧还原反应（ORR）。多孔 Pd NP 在 $100\text{mA/cm}^2$ 的电流密度下表现出 80mV 极低的过电位和 30mV/dec 的 Tafel 斜率，与商品化 Pt/C 催化剂性能相当。同时，即使在 $0.5\text{mol/L } H_2SO_4$ 中进行 1000 次 CV 稳定性测试，Pd NPA 仍能保持其良好的催化活性。Pd NP 合成过程中，十六烷基氯化吡啶（CPC）对于多孔结构的形成起着重要作用，除了能增加比表面积与体积比外，多孔 Pd NPA 的氢吸附能也被调谐到催化活性的最佳值。由于质子的有限供应，在碱性电解液中，PGM 表面的 HER 动力学比在酸性条件下缓慢。北京化工大学廖海滨教授团队制备了 $Pd@FeO_x(OH)_{2-2x}$ 核壳 NP，通过加入水解离组分将质子供应提高到最佳水平来解决这一问题。在碱性条件下，钯表面 40% 覆盖 $FeO_x(OH)_{2-2x}$ 的核-壳结构催化剂比纯 Pd NPs 的 HER 催化活性提高近 19 倍。

　　此外，还可将各种载体材料应用于钯基催化剂中，以改善催化剂的比表面积、热性能和电导率。中国科学技术大学俞汉青教授团队在碳纸上电化学沉积的 Pd NP，负载量为 $0.0106mg/cm^2$，并将其作为阴极催化剂在微生物电解槽催化析氢反应。Barman 小组报道了用超声介导的方法制备多孔钯纳米粒子-氮化碳复合材料（Pd-CN$_x$）。在 CN$_x$ 纳米片和超声处理下，PdCl$_2$ 的还原在 Pd-CN$_x$ 中产生多孔网络，Pd-CN$_x$ 催化剂在酸性介质中表现出比 Pt/C 更优越的 HER 催化能力。更重要的是，Pd-CN$_x$ 催化剂在酸性电解液中表现出非凡的耐久性，甚至优于商品化 Pt/C 或 Pd/C 催化剂。催化剂的多孔形貌、钯与 CN$_x$ 之间的强金属—碳键（Pd—C 键）、改进的电荷转移钯及钯与 CN$_x$ 之间的协同效应，是催化剂具有优越的 HER 催化活性和稳定性的原因[19]。利用良好的导电性、高比表面积和良好的稳定性，Valenti 等人报道了一种基于功能化多壁碳纳米管（f-MWCNT）和钯相互集成在 TiO$_2$ 壳层中的同轴异质结构催化剂。这种复合催化剂的 HER 催化活性与各组分之间的协同效应有关。碳纳米管促进电子从电极转移到二氧化钛壳层，以提供活性 Pd NP。此外，具有 OH 基团的非晶态 TiO$_2$ 涂层的亲水性抵消了 CNT 的疏水性，同时有利于水的吸附/解离平衡和质子转移步骤，与 MWCNT 表面相邻的 TiO$_2$ 缺陷有望在 HER 机制中发挥关键作用。f-MWCNT@ Pd/TiO$_2$ 各组分之间存在协同效应，大大提高了其催化活性。f-MWCNT@ Pd/TiO$_2$ 催化剂在中性介质中表现出良好的 HER 速率，H$_2$ 的周转频率为 $9460s^{-1}$[20]。最近，中国工程物理研究院赵鹏翔教授团队将一种 Pd（0）NP 包裹的二乙炔聚（乙烯基醇）气凝胶炭化到 Pd NP@ C 网络中。该 Pd NP@ C 纳米材料具有很好的 HER 活性和显著的稳定性，可归因于碳网络对 Pd NP 的快速电子转移[21]。

　　美国特拉华大学郑洁教授团队报道了 Pd NP 尺寸对 HER 和氢氧化反应（HOR）的影响。使用尺寸从 3~42nm 的碳负载 Pd NP 时，随着 Pd NP 尺寸从 3nm 到 19nm 的变化，交换电流密度增加，而在酸性和碱性介质中，质量交换电流密度最初略有增加，然后随粒径的增大而减小。这种粒径效应表明，钯的尺寸效应对 HOR/HER 催化活性是敏感的。由于酸（32.3kJ/mol±0.7kJ/mol）的活化能小于碱（38.9kJ/mol±3.0kJ/mol），以及酸中 Pd—H 结合能较低，钯在酸性介质中的催化活性约为碱性介质的 50 倍[22]。

### 2.2.1.3　钌

　　作为铂的一种替代品，钌（Ru）显示出中等的 Ru—H 键强度（约 272kJ/mol），且钌在 4$d$ 金属中具有较高的表面能。Nielsen 等人研究了磁控溅射制备的 Ru NP 的形貌，发现钌有利于形成直径为 1.75nm、2.5nm 和 3.0nm 的 NP[23]，因此，钌纳米团簇在催化应用中得到了广泛的研究。

　　不同形态的钌纳米材料在 HER 催化中表现出较优的活性。然而，Ru NP 发生团聚会影响其长期稳定性。因此，开发能稳定 Ru NP 的载体对于优化其分散性至关重要。学者们研究了不同载体或辅助催化剂上的 Ru NP，如聚合物、$MoO_2$、$CeO_2$、N 掺杂石墨烯、石墨胶原基碳支架和 NiCoP 等。Joshi 等人以 2% 的微小钌负载率制备了钌和钨复合材料，在酸性条件下，5nm 大小的 Ru NP 用于 HER 催化，即使存在离子污染物，也能保持高活性。如 DFT 计算所预测，钌（0001）表面通常对氢（-0.61eV）表现出较强的吸附作用。然而，随着钨的支持，Ru（0001）的氢吸附强度减弱，并变得类似于 Pt（111）。此外，钨支架还能诱导晶格应变，从而影响电子分布和催化剂对氢的吸附自由能，从而提高催化剂 HER 活性[24]。Beak 等人将 Ru NP 稳定在含氮的多孔二维（2D）碳结构（Ru@$C_2$N）中，并将其作为全 pH 值 HER 催化剂。二维碳结构以 $C_2$N 为重复单元，其中 6 个重复单元构成 0.83nm 的孔，6 个氮原子暴露于 Ru NP（平均 $d = 1.6nm \pm 0.5nm$）中。Ru NP 均匀分布在 $C_2$N 基体中。同时，DFT 计算表明，在酸性条件下，最佳M—H结合能与 Pt（111）相似。在碱性溶液中，与铂相比，钌表面对 OH 的吸引力更强，钌表面的 $H_2O$ 解离比铂容易得多，这将导致 $H_2O$ 更容易解离成 H 和 OH，并提供了更快的质子供应，有助于克服强 OH 结合引起的 Volmer 反应中的效率损失[25]。

然而，由于电导率差，这些非晶态碳衬底中存在大量的化学和拓扑缺陷，以及繁琐的多步合成过程阻碍了该方法的广泛应用。Baek 的小组还报道了在酸性和碱性介质中机械化学辅助合成高效稳定 HER 催化剂的方法。以羧酸边缘功能化的石墨烯纳米粒子（CGnP）为导电底物，与钌前驱体配位。在随后的还原和退火后产生了均匀锚定着 Ru NP（大约 2nm）的 GnP（Ru@GnP）。理论计算表明，Ru（001）和 Pt（111）表面氢的结合能分别为 0.54eV 和 0.53eV。因此，这种 Ru@GnP 具有比 Pt/C 更好的催化能力，具有较小的 HER 过电位，在 10mA/$cm^2$ 时为 13mV（0.5mol/L $H_2SO_4$）和 22mV（1.0mol/L KOH），同时具有较低的 Tafel 斜率及良好的稳定性。此外，研究还发现 Ru@GnP 上的氮掺杂会导致催化性能下降，推测为氮掺杂会阻断金属活性中心[26]。南京师范大学戴志辉教授团队制备出由钌、$Ni_2$P 和镍组成的金属-磷化物-金属体系，形成的多异质结构 Ni@$Ni_2$P-Ru 纳米棒中，钌的引入可影响 $H_2$ 的解吸，使 $H_2$ 达到中等 $\Delta G_H$，加快 $H_2$ 解吸和从纳米棒表面释放，增强了整个电催化过程；镍核表面修饰钌，通过协同效应促进电子转移，并促进 HER 进行[27]。Yamauchi 等人在分级有序碳电极的外表面开发了单分散钌纳米团簇的空间受限组装。在碳纸上电沉积了含有氧化醌亚胺（QI）和还原苯胺（BA）单元的聚苯胺（PANI）。DFT 计算表明，钌可以与 QI 基团形成强结合，而不能结合 BA 基团。通过电位调整 QI 和 BA 基团之间的比值，钌纳米团簇在空间上被限制在 PANI 框架的外层。令人惊讶的是，该催化剂仅含有 2%（质量分数）钌负载，但具有与 20%（质量分数）Pt/C 相似的 HER 催化活性[28]。

迄今为止，PGM 元素仍然是最有效的 HER 电催化剂，因为它们的过电位低，驱动 HER 的动力学快。然而，贵金属的高成本和有限的资源量阻碍了其广泛的商业应用，基于元素资源丰富的非贵金属催化剂将是有前途的替代品。

## 2.2.2　非贵金属催化剂

### 2.2.2.1　镍

近一个世纪以来，已知金属镍在碱性溶液中可催化 HER。大量的理论计算和实验结果证明，镍在各种非贵金属之间具有最小的氢吸附自由能和最大的 HER 交换电流密度。非贵金属催化剂的 HER 催化性能依次为：镍>钼>钴>钨>铁>铜。为了提高催化性能，在纳米技术快速发展的帮助下，镍基催化剂得到了均匀的尺寸和形态分布。Ahn 等人研究了不同电沉积条件下多种镍形貌，包括枝晶、颗粒和薄膜，并研究了它们的 HER 催化性能，发现镍的催化性能呈现以下趋势：树枝状结晶>颗粒>薄膜。根据理论计算，具有下移 d 带中心和高度填充 (111) 面的镍树枝状结晶具有较高的 HER 催化活性[29]。

### 2.2.2.2　钴

金属钴基催化剂也被广泛研究。吉林大学邹晓新教授团队首先通过简单的两步热处理合成了钴嵌入的富氮碳纳米管（Co-NRCNT)[30]。得到的催化剂在全 pH 值下均表现出较高的 HER 活性和稳定性，法拉第效率接近 100%。拉曼光谱分析表明，Co-NRCNT 中原子存在明显的缺陷或微结构重排，这是由于碳纳米管中氮掺杂所致。热解温度是决定 HER 活性的关键因素，热解温度不同，可在材料表面造成不同程度的结构缺陷和氮含量，对催化剂的 HER 性能起重要影响。香港科技大学的邵敏华教授团队进一步改进了 Co NP 均匀分散在纳米纤维上的电催化体系[31]。中国科学院包信和教授团队制备了包覆在氮掺杂碳中的 Co NP，作为 HER 和 OER 双功能催化剂。他们证实，表面碳纳米壳包覆的独特结构能有效避免 CoNP 的腐蚀，有助于催化剂在循环过程中保持稳定性[32]。用氮掺杂石墨烯薄膜（Co@ NGF）和氮、硼共掺杂超薄碳笼（Co@ BCN）包裹的 Co NP 的类似工作也显示出催化剂对 HER 具有良好的催化活性和稳定性。其他非贵金属基电催化剂，如铁基、钨基和钼基电催化剂也在 HER 中进行了研究，但其稳定性仍是一个问题。

## 2.2.3　贵金属合金催化剂

### 2.2.3.1　铂基合金催化剂

将铂与一种或多种金属合金化，不仅能大大提高铂的利用率，而且能通过形成异质结，产生配体效应，还能通过改变金属之间的键长，产生应变效应，从而改变铂原子的配位环境和电子环境，提高其催化性能。Xiong 等人报道了一种 Pt-Pd 石墨烯堆叠结构，其中铂的厚度可以控制，当铂层厚度减小到几个原子层时，催化剂 HER 活性最佳，研究证明铂和钯的功函数差异使铂表面电荷具有可调的特性[33]。Liu 等人报道了一种一步成型超薄（3nm 厚）1D 单晶钯的策略，通过表面活性剂引导的溶液相方法控制原子比，从而获得 Pd-Pd 纳米线[34]。浙江师范大学 Feng 等人报道了在 5-氨基酸存在下，用一锅法合成中空 Ag-Pt 纳米晶。在它们的合成中，银和铂前驱体首先被还原成银和铂原子，它们不断聚集形成球形粒子使总表面能最小化。由于它们的还原电位不同，首先完全消耗银前驱体，然后铂前驱体与银原子之间发生电偶反应，通过在 Ag-Pt 表面再生银产生小孔。因此，铂前驱体被还原并沉积在 Ag-Pt 晶体的外部，从而形成中空结构[35]。

铂与贵金属元素合金化合成 NP 虽铂的含量有所减小，HER 催化性能也得到了提升，但其成本仍然较高。为了解决这一成本问题，将铂催化剂与过渡金属元素（铁、钴、镍等）合金化。理论计算表明，用钴、铁、镍等过渡金属与铂合金化会降低铂的 $d$ 带中心，可减弱铂表面对反应中间体的吸附自由能。采用静电纺丝和碳化相结合的方法制备得到的 Pt-Co 合金催化剂对 HER 具有较高的催化活性，几乎与 Pt/C 相当，Tafel 斜率约为 20mV/dec[36]。Cheng 等人将 3D Pt-Co NP 附着在 MOF 衍生的碳纳米棒阵列上，合成出 $Pt_2Co_8$/N-C 催化剂具有较高的 HER 催化活性[37]。与典型的面心立方（fcc）晶相不同，厦门大学郑兰荪院士团队用一锅溶剂热法制备了六方密堆积（hcp）Pt-Ni 合金纳米颗粒，并证明了其优越的催化活性[38]。苏州大学黄小青教授团队报告了铂在可控气氛下通过简单的退火制备 Pt-Ni 纳米线。Pt-Ni 纳米线在 1mol/L KOH 溶液中，在电流密度 $10mA/cm^2$ 时表现出 40mV 极低的过电位。他们进一步发现未填充的 Ni $3d$ 轨道对 OH 具有比铂更强的静电亲和力，可加速水的解离[39]。浙江工业大学王建国教授团队通过热解和酸浸处理，开发了一种独特的 Pt-Fe 纳米合金的"双纳米孔"结构。他们的研究表明，该 Pt-Fe 纳米合金的优异活性来源于纳米孔石墨烯与 Pt-Fe NP 之间强的共轭作用，而纳米孔石墨烯也会阻碍 NP 的聚集和溶解[40]。

### 2.2.3.2 钯合金

Peterson 等人利用电子结构计算，研究了机械诱导应变 Pd(111)晶面对氢结合能的影响，并与非纯钯覆盖层（Pd/M，其中 M = Rh、Ir、Au 和 Pt）进行了比较。$\Delta G_H$ 的变化与 Pd(111)的 $d$ 带中心位置随应变的变化有关。在这方面，研究最多的系统之一是金衬底上覆盖钯[41]。根据火山图，Au(111)晶面上不同厚度的钯表现出不同的吸附能。适度吸附 $H_{ad}$ 将有利于形成 $H_2$。研究发现，催化活性取决于钯层的厚度和晶体取向。在 Au(111) 上，钯层的交换电流密度呈现以下趋势：超过 2 个单层（ML）>1ML>2ML。2ML 钯的 HER 催化活性最小是由于 $H_{ad}$ 的吸附能最强。Stimmin 等人报道了钯亚单层在 Au(111) 上的反应性质随电子特性和几何排列的变化而变化。在第一步中，他们指出，氢在纯金上的吸附需要更高的能量，此外，对于缺陷，计算出的氢在 Au(111) 上 4 个钯原子簇上的吸附能是最负的[42]。Kibler 的小组也证明了低的钯覆盖率可能会产生极高的 HER 的活性[43]。

Pd/Au(111) 的形貌和 HER 活性已被证明与合成中使用的钯盐类型有关。以 $PdCl_2$ 为前驱体，可获得较小且较薄的钯纳米片，可提供较好的催化活性。与纯钯和纯钌相比，Pd-Ru 合金表现出增强的 HER 活性。中国科学技术大学洪勋教授团队报道了多种催化剂在 1.0mol/L KOH 中的 HER 活性顺序：介孔 Pd@Ru 核-壳纳米棒>Pt/C>固体 Pd@Ru 核-壳纳米棒>Ru/C。DFT 计算表明介孔 Pd@Ru 核-壳纳米棒中钌均匀分布在 Pd(111) 上，其中吉布斯自由能垒 $\Delta G_B$ 为 0.84eV。这与核-壳结构的多个活性中心一起，被认为是在碱性介质中对 HER 具有高催化性能的原因[44]。钯与另一种贵金属（如铱、银和铑）的合金化也有报道。根据 Sabatier 原理，钯位于火山图的左侧，金位于右侧。因此，$Au_{48}Pd_{52}$ 具有较高的结合能和较好的催化性能[45]。中国科学院合肥物理科学研究院陈乾旺教授团队通过直接退火制备了稳定的钯掺杂的 MOF。包覆在氮掺杂碳笼中的 Pd-Co 合金在催化 HER 的 10000 次循环中表现出优异的耐久性及良好的活性[46]。合金化可以使钯的 d 带中心向费米能级移动。两种合金金属之间的界面可以保留适当的氢吸附能，从而获得最佳的吉布斯自由能中间状态，因此给予 HER 优越的活性。

### 2.2.3.3　钌、铱、铑合金

钌的双金属合金和非贵金属合金可以显著降低其成本，且提高其活性。中国科技大学陈乾旺教授团队通过 MOF 辅助策略制备了包覆在氮掺杂石墨烯层中的 Ru-Co 纳米合金。低钌含量的新型 Ru-Co 合金在碱性条件下对 HER 具有良好的催化能力和稳定性。认为合金外的碳壳能产生协同效应和稳定增强效应。DFT 计算表明，与纯钴金属核相比，Ru-Co 合金核可以向石墨烯壳层转移更多的电子[47]。然而，由于它们的晶相结构和原子半径的巨大差异，很难合成。为了解决这一问题，Bao 等人根据镍纳米链与 $RuCl_3 \cdot 3H_2O$ 之间的电偶置换反应，制备了一系列类似项链的空心 $Ni_xRu_y$ 纳米合金。这种 $Ni_{43}Ru_{57}$ 纳米合金即使在连续循环 8h 后也表现出优异的耐久性[48]。

江南大学朱罕教授团队通过静电纺丝技术和石墨化工艺在碳纳米纤维上制备

了 Au-Cu 合金。他们指出，Au-Cu 纳米合金中铜含量的增加可以将均匀的 $AuCu_3$ 合金相转变为铜壳层包覆的 $Au_3Cu$ 相[49]。Zhang 等人报道了硼掺杂碳载体上负载 Rh-Fe 合金催化剂，在电流密度为 $10mA/cm^2$ 时 HER 过电位仅为 25mV，在 $0.5mol/L$ $H_2SO_4$ 中，Tafel 斜率为 32mV/dec。这可能是因为碳载体中的硼掺杂会影响价态轨道能级，从而导致 $\Delta G_H$ 的降低有关[50]。Jiang 等人报道了氮掺杂石墨烯壳层包裹的 Ir-Co 纳米合金（IrCo@ NC），制备的 IrCo@ NC 中铱含量仅为 1.56%，但在 $0.5mol/L$ $H_2SO_4$ 中，电流密度为 $10mA/cm^2$ 时的过电位为 23mV[51]。

### 2.2.4 非贵金属合金催化剂

#### 2.2.4.1 镍基合金催化剂

镍基合金作为一种电催化剂已被广泛研究。镍基二元合金在碱性条件下的催化活性趋势为：Ni-Mo>Ni-Zn>Ni-Co>Ni-W>Ni-Fe>Ni-Cr。科学家们还研究了镍基二元合金的不同形貌，包括 Ni-Cu 泡沫、Ni-Mo 纳米颗粒、Ni-Cu 纳米颗粒和 3D Ni-Mo 薄膜等。冯新亮教授团队在还原气氛中，通过退火 $NiMoO_4$ 纳米棒，在泡沫镍上合成了由 $MoO_2$ 纳米棒阵列支撑的 $MoNi_4$（$MoNi_4/MoO_2@ Ni$）催化剂。设计的 $MoNi_4/MoO_2$ 电极具有前所未有的 HER 活性，起始过电位约为 0mV，超低 $\eta_{10}$ 为 15mV，性能优于 Pt/C 催化剂。优秀的 HER 性能得益于原位产生 $MoNi_4/MoO_2$ 双活性组分在 $MoNi_4$ 和 $MoO_2$ 之间存在氢溢出效应，通过改变 $d$ 带电子密度状态来调节理想的氢结合自由能，以及金属 $MoNi_4$ 和缺氧 $MoO_2$ 的高电导率。DFT 计算表明，$MoNi_4$ 上的 $\Delta G(H_2O)$ 仅为 0.39eV，甚至低于铂（0.44eV）[52]。

这些镍基二元纳米合金很容易被腐蚀，表现出较差的稳定性。因此，它们广泛采用碳包裹合金颗粒或将合金颗粒沉积在碳上的方式。碳外壳可以为金属芯提供保护层，有助于避免在恶劣条件下的腐蚀，同时还能调节合金催化剂对氢的吸附自由能，促进 HER 反应进行。Du 等人报道了用氮掺杂的石墨化碳壳（NiFe@ NC）包覆的 Ni-Fe 合金 NP，其中碳层的性质很容易通过调节前驱体中铁的化学状态来控制，虽然已知电子转移受金属芯和壳的影响，但很难区分金属芯和壳的作用[53]。Shen 等人为了了解金属芯和碳壳厚度如何影响催化 HER 性能，通过化学气相沉积过程，用石墨化碳壳层包裹 Ni-Cu NP，并通过改变反应时间来调节壳层厚度。在所有具有不同壳层厚度的样品中，单层石墨烯包覆的 NP 表现出最优异的催化 HER 活性和稳定性，表明即使没有额外的杂原子掺杂，通过调整核心组分和壳层厚度也可以实现优异的催化性能[54]。

### 2.2.4.2　钴基合金催化剂

中国科学院包信和教授团队报道了一种在氮掺杂的碳纳米管上制备 Fe-Co 纳米合金（FeCo/NCNT）的方法。为了更好地理解氮掺杂碳在 HER 催化中的重要性，他们在合成过程中引入额外的氨来提高氮掺杂水平。用高氮含量的碳纳米管包覆的 Fe-Co 合金（FeCo/NCNT—NH）与 FeCo/NCNT 相比具有更高的 HER 催化动力学，并且从 Fe-NCNT 和 Co-NCNT 中也观察到了相同的增强，证实了氮掺杂可以显著提高 HER 的催化活性[55]。该 Fe-Co 纳米合金主要分布在 CNT 的末端，大面积的碳纳米管仍未被占据。同一课题组研究了另一种自下而上的合成方法，以乙二胺四乙酸-阴离子为碳源，制备了一种只包覆 1～3 层氮掺杂石墨烯球的 Co-Ni 合金（CoNi@ NC）。DFT 计算表明，超薄石墨烯壳层显著促进了 Co-Ni 纳米合金对石墨烯表面的电子转移。据报道，石墨烯表面的电子密度与氮掺杂原子协同增强，使石墨烯壳层上的 HER 活性更高[56,57]。复旦大学郑耿锋教授团队报道了一种嵌入在氮掺杂碳骨架中的 Cu-Co 纳米合金（CuCo@ NC），该合金由 ZIF-67 和 Cu（OH）$_2$ 纳米线两种前驱体热解而成。铜离子被均匀地限制在 ZIF-67 的孔隙中，有效防止了自聚集，而 Cu—N 键的存在进一步增加了碳骨架中的氮含量。因此，形成的 CuCo@ NC 纳米合金具有较高的比表面积（700m$^2$/g）和增强的 HER 催化性能（见图 2-5）[58]。

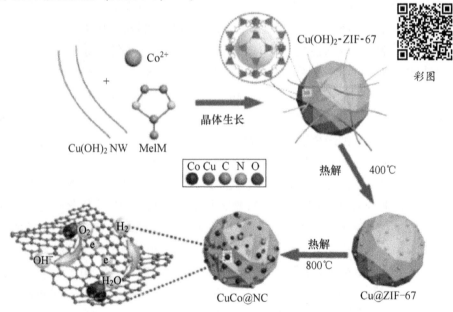

图 2-5　CuCo@ NC 电催化剂合成工艺示意图

中国科技大学陈乾旺教授团队在氮气气氛下热解 $Fe_3[Co(CN)_6]_2$，合成了包覆在高氮掺杂石墨烯层中的 Fe-Co 合金 NP。DFT 计算表明，氮掺杂剂和金属-石墨烯复合结构会导致 $\Delta G_H$ 值的下降[59]。由丰富氮源和过渡金属离子组成的普鲁士蓝类似物（PBA）是制备 N-M-C 催化剂的另一种有前途的前驱体[60]。Shang 等人通过低温热解 PBA，研制了 Co-Fe 纳米合金。得到的 Co-Fe 催化剂有着高氮含量（约10%）和相对较高的比表面积[61]。作为碳基载体的替代，其他具有大比表面积的纳米片也在被探索。复旦大学沈建教授团队在钼上制备了 $Co_3Mo$ 合金 NP 氧化物纳米片阵列，并在碱性介质中，$Co_3Mo$ 合金 NP 在 10mA/$cm^2$ 处的过电位仅为 68mV，相应的 Tafel 斜率为 61mV/dec[62]。

### 2.2.4.3 三元合金催化剂

近年来，三元合金作为 HER 的电催化剂逐渐引起了人们的研究兴趣。多金属纳米合金通过仔细控制元素组成及其比例，为催化剂电子结构、晶格和键长的合理调整提供了条件。根据 Brewer-Engel 理论，未配对的 $d$ 带电子容易与氢原子形成化学吸附键。因此，具有大量未配对 $d$ 带电子和未填充 $d$ 轨道的过渡金属原子似乎是 HER 最有前途的催化剂材料，合金三元组分将提供更多的可能性。

含少量铂（约4.6%）的 Co-Fe 纳米合金的催化性能与商品化 20%Pt/C 相当接近。中国海洋大学唐群委教授团队制备了一系列由过渡金属 M（M = Cr、Fe、Co、Ni、Mo）、铂和钌组成的三元合金，并阐释了它们对 HER 的电化学反应活性趋势：Pt-Ru-Mo>Pt-Ru-Ni>Pt-Ru-Co>Pt-Ru-Fe>Pt-Ru-Cr>Pt-Ru[63]。清华大学深圳研究生院邱鑫平教授团队报道了碳毡织物上的三维铂、Cu-NiNP 修饰的碳纳米纤维阵列（PtCuNi-CN F@ CF），该阵列通过化学气相沉积，然后进行自发电流位移过程调整组成，得到的 $Pt_{42}Cu_{57}Ni_1$/CNF@ CF 在碱性溶液中具有优异的活性和稳定性，超过了最先进的 Pt/C 商品化催化剂[64]。

## 2.3 过渡金属化合物催化剂研究进展

过渡金属化合物由于其元素地球丰度高、成本低、结构性能可调性高等优点，使它们在各个领域都变得越来越有吸引力。迄今为止，过渡金属化合物催化剂在设计和开发方面取得了巨大的突破。过渡金属氧化物（TMO）、过渡金属氮化物（TMN）、过渡金属碳化物（TMC）、过渡金属硫化物（TMS）、过渡金属磷化物（TMP）和过渡金属硼化物（TMB）等在电催化水分解领域取得了长足的发展。

### 2.3.1　过渡金属氧化物催化剂

$RuO_2$ 和 $IrO_2$ 这两种贵金属氧化物均为金红石结构，其中钌和铱位于八面体中心，氧在角上，八面体通过共享角连接在一起。$RuO_2$ 和 $IrO_2$ 通常被认为是 OER 的基准电催化剂，因为它们在酸性和碱性溶液中对 OER 具有很高的电催化活性。然而，研究发现材料的制备方法对 $RuO_2$ 和 $IrO_2$ 的 OER 性能有很大影响，例如 $IrO_2$ 薄膜表现出较好的 OER 活性，在过电位为 275mV 时电流密度为 $0.1mA/cm^2$，而 $RuO_2$ 纳米颗粒在相同的过电势下的电流密度仅为 $0.01mA/cm^2$。OER 催化剂稳定性是最值得关注的问题，Stucki 等人提出了 $RuO_2$ 和 $IrO_2$ 的分解机理，即 $(Ru^{4+})O_2$ 在阳极条件下转化为含水化合物 $RuO_2(OH)_2$，然后去质子化为高氧化态 $(Ru^{8+})O_4$，$(Ru^{8+})O_4$ 在电解液中不稳定，进一步溶解到溶液中，并伴随颜色变化；$IrO_2$ 催化 OER 时有高氧化态 $(Ir^{6+})O_3$ 在高阳极电位下形成，证明 $IrO_2$ 也有类似的溶解情况。Cherevko 等人证明 $RuO_2$ 稳定性较 $IrO_2$ 差，在高阳极电位下 $RuO_2$ 是不稳定的，并且在催化析氧反应时，会发生溶解，而 $IrO_2$ 是比 $RuO_2$ 更稳定的 OER 催化剂[65]。为了提高 $RuO_2$ 的稳定性，科学家们提出了铱掺杂 $RuO_2$ 的双金属氧化物 $Ru_xIr_{1-x}O_2$，只需少量的铱被掺杂到 $RuO_2$ 样品中，就可以显著地提高催化剂的稳定性；或形成以 $IrO_2$ 为核、$RuO_2$ 为壳的核-壳结构 $(IrO_2@RuO_2)$，这种核-壳结构不仅可以降低 OER 过电位，而且可以提高催化剂的稳定性（1000 圈循环后性能保持初始值的 96.7%）。

随着对水分解研究的不断深入，人们发现羟基氧化物具有显著的 OER 活性。Subbaraman 等人系统研究了 3d 过渡金属（镍，钴，铁，锰）氢氧（氧）化物的析氧反应特性，发现了这些样品的 OER 活性，并发现其催化行为遵循相同的趋势（镍>钴>铁>锰）[66]。他们认为 NiOOH 样品具有优异的 OER 活性归因于镍和 OH 之间的最佳结合强度（Sabatier 原理）。但是，Corrigan 曾指出，在电解液中意外引入铁杂质（0.0001%）会显著提高 NiOOH 的 OER 活性，并且随着 NiOOH 样品中铁含量的增加，其活性进一步提高。Trotochaud 团队也广泛研究了铁离子对 NiOOH 的影响。他们得出了类似的结论，即 NiOOH 对 OER 的电催化能力因系统中铁离子的存在而非常敏感。当铁含量达到 25% 时，$Ni_{1-x}Fe_x$ 的过电位显著下降了 200mV[67]。

Song 和 Hu 通过剥离工艺成功制备了 NiFe LDH 材料的单层纳米片（NS）。NiFe-NS 的 OER 表现出约 300mV 的过电位，Tafel 斜率约为 40mV/dec，其性能可与 $RuO_2$ 和 $IrO_2$ 等贵金属氧化物媲美[68]。杨世和教授团队报道了通过在层状双氢氧化物之间插入氧化石墨烯（GO）和还原的氧化石墨烯（rGO）层以形成独特的交替堆叠构型的 FeNi LDH。FeNi-GOLDH 和 FeNi-rGOLDH 表现出了极高的

OER 活性。Sargent 团队研究表明，通过溶胶-凝胶法加入钨和铁可以优化 β-CoOOH 的 OER 性能[69]。在 G-FeCoWLDH（胶凝）中添加铁和钨可以改变 Co—OH 的吸附能，以达到最合适的能量状态，并进一步将 OER 的过电位降低至 190mV。

第四周期过渡金属（锰、铁、钴和镍）氧化物（TMO）已经在商业上用作成熟碱性电解槽的阳极催化剂。TMO 在碱性介质中的高活性和稳定性使得它们可以应用于阴离子交换膜水电解槽（AEMWE）系统。TMO 的高 OER 活性来源于 3d 金属的 d 带和氧的 p 带的重叠，能带结构之间的电子相互作用可调节中间物种和氧化物表面之间的结合能，并加速 OER 动力学。$O^*$ 和 $OH^*$ 之间的结合能（$\Delta G_O - \Delta G_{OH}$）差被认为是 TMO 催化剂的 OER 活性指标。

TMO 具有电导率低、HER 反应动力学缓慢、活性位点少和不适当的氢结合能等缺点，被认为是 HER 惰性材料，但可以通过结构工程和电子结构调节，提高氧化物表面的电导率和优化 $\Delta G_H$ 来赋予其 HER 催化活性。经常采用的策略有氧空位调节、相变和多金属组成，产生了具有各种晶体结构高效 TMO 催化剂。例如单斜晶型的 $MoO_2$ 和 $WO_2$ 具有扭曲的金红石晶体结构，其导电性和 HER 催化活性较高。Ling 等人报道了通过表面应变工程增强 CoO 纳米棒（NR）的活性。他们证明了 CoO 的电子结构可以通过产生大量氧空位引起的拉伸应变效应来优化。这些氧空位可以促进水分子的分解，并削弱 $\Delta G_H$。因此，CoO NR 显示出优异的碱性 HER 活性[70]。应用于酸性电解质中的 HER 催化多采用 $MoO_2$、$MoO_3$、$WO_3$ 和 $TiO_2$，这与它们在酸性环境中良好的稳定性有关。斯坦福大学崔屹教授团队直接在泡沫镍（NF）上生长超薄多孔 $MoO_2$ 纳米片，其对 HER 的活性远高于致密的 $MoO_2$，优异的 HER 性能归因于多孔 $MoO_2$ 纳米片较高的比表面积和暴露出的更多活性位点[71]。Li 等人使用脉冲激光沉积（PLD）技术制备了三种不同的 $Ti_2O_3$ 晶型结构（三角 $\alpha$-$Ti_2O_3$、正交 o-$Ti_2O_3$ 和立方 $\gamma$-$Ti_2O_3$）。通过外延生长过程在衬底上再结晶，实现了三种类型的电子重构。以制备的 $Ti_2O_3$ 薄膜为模型催化剂，研究了其电子结构与 HER 活性的关系。$\gamma$-$Ti_2O_3$ 的 HER 活性远高于三角 $\alpha$-$Ti_2O$ 和正交的 o-$Ti_2O_3$。$\gamma$-$Ti_2O_3$ 的较高活性归因于钛的 3d 和氧的 2p 轨道之间最强的杂化[72]。

氧空位的产生被认为是调整电子结构、促进氢的吸附、缩小带隙、增加本征电导率的有效途径，从而有利于提高 TMO 的 HER 催化活性。氧空位的产生被认为是一种有效的激活材料方法。氧空位调节可以调节电子结构、电导率和 $\Delta G_H$，从而增强本征 HER 活性。中国科学院张铁锐教授团队在 NF 上合成了只有两层厚度的超薄 $MnO_2$ 纳米片（$MnO_2$ NS）。$MnO_2$ NS 对 HER 具有良好的电催化性能，具有较低的过电位（$\eta_{10} = 197$mV）和 Tafel 斜率（62mV/dec）。超薄 NS 具有丰富的氧空位和大量的锰活性中心，可提高电导率和氢吸附，从而显著提高催化剂

HER 活性[73]。通过碳化多金属氧酸盐基 MOF 和氧化石墨烯（GO）前驱体，得到了一种由包覆在 rGO 衬底上掺磷多孔碳中的 $MoO_2$ 纳米复合材料（$MoO_2$ @ PC-rGO）。在酸性介质中，$MoO_2$ @ PC-rGO 催化剂具有较低的 $\eta_{10}$（64mV）、较小的 Tafel 斜率（41mV/dec）和优异的循环稳定性。多孔碳层不仅保护了 $MoO_2$ 核心免受腐蚀和聚集，而且保证了电解质与 $MoO_2$ 上活性中心的接触，提高了电导率。同时，rGO 和 $MoO_2$ 之间的电子耦合也有利于 HER[74]。Li 等人合成的氧缺陷 $WO_{2.9}$，具有比不含氧缺陷的 $WO_3$（637mV）低得多的 $\eta_{10}$（70mV）[75]。通过引入氧空位形成 $MoO_{3-x}$，产生大量的 $Mo^{5+}$ 氧化态，$MoO_3$ 的 HER 催化活性得到了很大的提高，归因于 $MoO_{3-x}$ 中的 $Mo^{5+}$、$Mo^{6+}$ 活性位点分别作用于对氢的吸附和解吸[76]。Wu 等人通过无机/有机 $WO_3$-乙二胺杂化物的煅烧，开发了具有高浓度氧空位的金属 $WO_2$ 介孔纳米线。所制备的催化剂具有优异的 HER 性能，$\eta_{10}$ 为 58mV，Tafel 斜率为 46mV/dec。由于费米能级附近电子态的窄带隙赋予了合成的 $WO_2$ 金属性质，氧空位不仅产生了大量的活性中心，而且增强了电子的迁移率[77]。同样，具有高浓度的氧空位的 $WO_{3-x}$ 纳米结构也应用于 HER 催化。锚定在碳载体上的碳包裹 $WO_x$（$WO_x$ @ C/C）是由碳化聚吡啶包覆磷钨酸制成的，$\eta_{60}$ 为 36mV，与铂的性能相似[78]。

此外，由合适的过渡金属组合组成的氧化物，特别是 Mo/Ni 基双金属氧化物催化剂，已被证实具有优于单一金属氧化物的 HER 活性。镍原子被广泛地认为是优良的水解离中心，而钼原子具有理想的氢吸附性能。因此，Mo/Ni 基（$Mo_xNi_y$）电催化剂被认为能有效地降低 Volmer 步骤的势垒和加快碱性条件下缓慢 HER 动力学的高效催化剂。Zhang 等人报道了在泡沫镍上修饰 $MoNi_4/MoO_2$ 纳米棒（$MoNi_4/MoO_2$ @ Ni），在电流密度为 10mA/$cm^2$ 时，过电位为 15mV[52]。$MoNi_4/MoO_{3-x}$、$Ni/NiO/MoO_x$ 和 $MoNi/CoMoO_3$ 也表现出与铂相似的 HER 催化性能。DFT 计算表明，$MoNi/CoMoO_3$ 表面的 $\Delta G_H$ 接近 0eV。

对于 HER 催化，大部分氧化物材料的催化活性仍然较差，仍需开展更加深入和系统的结构工程研究。将组成筛选与结构优化相结合，可以制备出具有高导电性的高效 HER 催化剂，将来还需沿着这个方向进行深入研究。目前，基于 TMO 的质子交换膜燃料电池或 AEMWE 电池的制造仅有零星报道。此外，在单电池驱动条件下，确保原位技术用于 TMO 催化剂的结构分析是了解 TMO 催化行为的关键。

许多研究小组以钙钛矿（$ABO_3$，其中 A 是碱金属、碱土金属或稀土金属，B 是过渡金属）为 OER 催化剂展开了系统的研究，并发现了有趣的结果。Sato 等人深入研究 $La_{1-x}Sr_xFe_{1-y}Co_yO_3$ 系统并指出其 OER 催化活性会随着 $x$ 和 $y$ 的增加而增加。他们将这种效应归因于金属 $d$ 带电子结构和钴离子较高的氧化态，表明 OER 电催化活性与钙钛矿的 $d$ 带电子密切相关。根据 Norskov 的 DFT 计算，$e_g$ 和 $t_{2g}$ 电子总数影响催化剂表面氧气吸附能量。根据 Sabatier 原理，吸附能过强（即 $LaCuO_3$）或过弱（即 $LaMnO_3$）都不适用于催化反应，应选择介于 $LaCoO_3$ 和 $LaNiO_3$ 之间的催化剂[79]。Shao-Horn 团队报道了许多含有不同过渡金属的钙钛矿催化剂，认为钙钛矿材料的 OER 催化性能与金属组成 $e_g$ 电子数有关[80]。$e_g$ 电子数接近 1 被证明是解释钙钛矿化合物 OER 活性的一个很好的指标。例如，Lee 等人发现 $BaNi_{0.83}O_{2.5}$ 的 OER 活性较高，他们认为这是因为 $BaNiO_3$ 和 $BaNi_{0.83}O_{2.5}$ 样品之间发生相变，导了了 $BaNiO_3$ 的 $e_g$ 上的电子为零，而 $BaNi_{0.83}O_{2.5}$ 的 $e_g$ 上的电子接近 1。Yagi 等人的研究揭示了 $[Fe^{4+}O_6]$ 的分子轨道只在 $e_g$ 轨道上有一个电子，从而使 $SrFeO_3$、$CaFeO_3$ 和 $CaCu_3Fe_4O_{12}$ 具有良好的 OER 活性。同时，虽然 $SrFeO_3$ 和 $CaFeO_3$ 样品都表现出较好的 OER 活性，但它们的性能迅速衰减。加入铜来代替锶和钙可以通过共价键作用稳定 $Fe^{4+}$，使 $CaCu_3Fe_4O_{12}$ 样品在 OER 中显示出极好的稳定性[81]。

与钙钛矿中的过渡金属相比，尖晶石（$A'B'_2O_4$）中的过渡金属可以表现出四面体和八面体配位，从而产生不同的 $d$ 带分裂，并在高阳极电位下的碱性溶液中非常稳定。用于 OER 的大多数尖晶石氧化物是铁尖晶石氧化物（$MFe_2O_4$），Li 等人发现 $MFe_2O_4$ 催化剂的 OER 催化活性呈现这样的趋势：$CoFe_2O_4 > CuFe_2O_4 > NiFe_2O_4 > MnFe_2O_4$[82]。Al-Hoshan 等人证明将镍掺入 $Ni_xFe_{3-x}O_4$ 化合物中将有效地改善其 OER 性能[83]。然而，在钴基体系中情况略有不同。在 $M_xCo_{3-x}O_4$（M = Li、Ni、Cu）体系中引入镍、铜和锂将有利于其 OER 活性，而掺入锰对其 OER 活性有害，这种现象可能是与抑制的 Jahn-Teller 变形有关[84]。Wang 等人揭示了 OER 期间 $Co^{2+}$ 离子和 $Co^{3+}$ 离子的不同作用。他们的研究表明，在 $Co_3O_4$ 体系中，$Co^{2+}$ 和 $Co^{3+}$ 离子对 OER 活性的作用不同，并证实了 $Co^{2+}$ 在 OER 活性中占主导地位，因此，$Co_2O_4$（有 $Co^{2+}$ 存在）的 OER 活性与 $Co_3O_4$（有 $Co^{2+}$ 存在）的活性相似，并优于 $ZnCo_2O_4$（只有 $Co^{3+}$ 存在）[85]。这些研究证明在尖晶石双金属氧化物中掺入特定金属离子能改变催化剂的电子结构，并进一步优化催化剂与 OER 过程中中间体与反应物之间的结合。

## 2.3.2 过渡金属氮化物催化剂

过渡金属氮化物（TMN）是通过将氮原子嵌入金属的间隙中而构建的一系列间隙化合物。带负电荷的氮原子嵌入过渡金属晶格中，扩展了金属晶格间隙并拓宽了金属的 $d$ 带，这增加了 $d$ 带的收缩和费米能级附近的态密度（DOS）。DOS 的再分配有利于改变 TMN 的电子结构，使其具有类似于铂和钯等贵金属的高导电性和良好的耐腐蚀性等优点，在电催化应用中，TMN 被认为是有可能取代贵金属材料的 HER 催化剂。

迄今为止，各种 TMN 基电催化剂，包括钼、钨、钴、镍、铁及其二元和三元氮化物已被广泛用作 HER 催化剂。南京工业大学邵宗平教授团队通过在 $NH_3$ 气氛下煅烧铜和钼双金属 NENU-5MOF，制备了氮掺杂碳包覆的多孔氮化钼，然后刻蚀铜以产生多孔微结构（MoN@NC）。制备的 MoN@NC 复合材料在酸性电解质中具有优异的 HER 催化活性，$\eta_{10}$ 为 62mV，Tafel 斜率为 54mV/dec[86]。同样，大小约为 3nm 的 MoN 纳米点嵌入空心氮掺杂的多孔碳珍珠中，制备的 MoN@NPCNC 催化剂所具有的分级空心结构能提供更多的活性中心，在全 pH 值介质中表现出优异的 HER 活性[87]。

氮化钨（WN）化合物具有类似氮化钼的性能。最初在 ITO 衬底上开发的纯 WN 纳米线具有相对较低的 HER 活性，起始过电位为 84mV。在高导电碳布（WN/CC）上生长的 WN 纳米线仍然需要相对较高的过电位 198mV 来驱动 10mA/cm$^2$ 的电流密度。Ren 等人用 $N_2$ 等离子体处理 $WO_x$NW，在碳布上制备了多孔 WN 纳米线（WN/CC）。这种 WN/CC 在酸性和碱性介质中的 $\eta_{10}$ 分别为 134mV 和 130mV。性能的提高归因于催化剂的多孔纳米结构，它提供了最大数量的活性中心，促进 WN 催化剂的高利用率[88]。WN NP 与氮掺杂多孔石墨烯纳米片（WN$_x$-NRPGC）耦合形成异质结构。由于 WN 与碳载体之间的密切相互作用而产生的协同效应使 WN$_x$-NRPGC 催化剂表现出优异的电催化 HER 活性[89]。

铁、钴和镍氮化物在其应用中也引起了广泛的关注。其中，对氢有较强吸附作用的镍基氮化物表现出最高的电催化 HER 活性。Shalom 和同事利用生长在泡沫镍上的 $Ni_3N$（$Ni_3N$/NF）对电催化 HER 活性进行了验证[90]。孙旭平教授团队通过将泡沫镍在 $NH_3$ 气氛下直接氮化，在泡沫镍上制备出一层薄的 $Ni_3N$ 膜（$Ni_3N$@NF）。得到的 $Ni_3N$@NF 在碱性溶液中的 $\eta_{10}$ 为 121mV[91]。新加坡国立大学丁军教授团队通过引入氮空位来进一步改善 $Ni_3N$@NF 性能，将 $Ni_3N$ 纳米片的尺寸缩小到原子厚度，$Ni_3N$@NF 表现出很强的金属性能，并且其活性与商业 Pt/C 相当，在酸性介质中的 $\eta_{10}$ 为 59mV、$\eta_{100}$ 为 100mV[92]。Sasaki 等人首次报道了碳负载 $NiMoN_x$ 纳米片（$NiMoN_x$/C），它显示出较高的 HER 电催化活性，$\eta_{10}$ 为 78mV，Tafel 斜率为 36mV/dec，同时催化剂稳定性良好。催化剂中镍结合氢弱，而钼结合氢强，两者的协同效应使催化剂的 HER 电催化活性增强[93]。在这项工作的启发下，科学家们设计了更多的二元和三元金属氮化物。Khalifah 等人设计了一种钴-氮化钼（$Co_{0.6}Mo_{1.4}N_2$），由混合密堆积结构的四层堆叠序列组成，其中八面体和三角棱镜配位层交替，八面体的表面位点被二价钴和三价钼所占据，而三角位较高的氧化态则含有钼。该结构允许在不破坏催化活性的情况下调谐表面钼的电子态，使 HER 活性更好[94]。Gu 等人利用（Ni，Fe）/r-GO 海藻酸钠水凝胶为前驱体，通过离子交换和 $NH_3$ 气氛下的固氮处理，在 rGO 上构建

出由 $Fe^{3+}$ 和 $Ni^{2+}$ 组成的 $Ni_3FeN/r\text{-}GO$，催化剂 $Ni_3FeN/r\text{-}GO\text{-}20$ 在 1.0mol/L KOH 中表现出优异的电催化性能，$\eta_{10}$ 和 $\eta_{100}$ 分别为 94mV 和 180mV，Tafel 斜率为 90mV/dec[95]。DFT 计算表明，镍、铁和氮之间的共价相互作用提高了电导率，调节了双金属氮化物的表面电子分布，使氢吸附自由能（$\Delta G_H$，0.17V）达到最佳值。此外，镍、铁和氮的配位促进了电子从 $Ni_3FeN$ 向 rGO 的转移，从而增强了 HER。南京大学朱俊杰教授团队报道了另一项涉及双金属氮化物的出色工作，他通过 $NiMoO_4$ 纳米棒的拓扑转化，在 NF 上垂直生长了氮化钼镍纳米棒（$Ni_{foam}@$ $Ni\text{-}Ni_{0.2}Mo_{0.8}N$）。$Ni_{foam}@$ $Ni\text{-}Ni_{0.2}Mo_{0.8}N$ 在碱性溶液中表现出最高的 HER 性能，$\eta_{10}$ 为 15mV，Tafel 斜率为 39mV/dec[96]。除了先前提到的碳基材料作为 TMNs 的流行支撑材料外，金属与 TMN 的杂化已被证明是一种有效的策略。黑龙江大学付宏刚教授团队报道了基于氮化 Co-MOF+Mo-MOFs 策略的 $Co\text{-}Mo_2N$ 管，只需要 76mV 的过电位，$Co\text{-}Mo_2N$ 就能在 1.0mol/L KOH 中提供 $10mA/cm^2$ 的电流密度，这比 $Mo_2N$（296mV）和 Co-C（180mV）低得多[97]。同样，用多孔氮掺杂碳包裹的 Co/CoN NP 组成的复合催化剂（Co/CoN@NC），与 CoN@NC 相比，其在酸性和碱性介质中对 HER 的电催化活性均有显著提高[98]。

掺杂是另一种广泛使用的方法，通过将电催化剂的 $d$ 带中心修饰到合适的水平来增强其 HER 活性。$Co_4N$ 对 OER 表现出优异的电催化活性，甚至优于基准催化剂 $IrO_2$，而对 HER 的催化性能较差。钴的 $d$ 带远离 HER 的能级，这可能就是 $Co_4N$ 不是 HER 首选催化剂的原因。幸运的是，$Co_4N$ 的 $d$ 带中心的位置可以通过适当的掺杂来调节。中国科技大学化学系王功明教授团队通过钒掺杂 $Co_4N$ 调节 $d$ 带中心。掺钒的 $Co_4N$ 纳米片的 $\eta_{10}$ 比 $Co_4N$ 低得多。通过对 X 射线近边吸收谱和 DFT 计算，他们得到了一致的结果，即增强的性能是由于掺杂钒时，反键态被更多的电子填充，导致 $Co_4N$ 的 $d$ 带中心的下移，从而促进了氢脱附，增强了催化剂的 HER 性能。将钨或钼掺入 $Co_4N$ 也可以产生类似的增强。这一概念为其他 HER 催化剂的设计提供了新的策略[99]。

### 2.3.3 过渡金属硫化物催化剂

层状结构过渡金属硫化物（TMS）吸附氢的自由能与材料本身相关。以 $MoS_2$ 为例，HOMO 态的轨道主要位于边缘的硫位，也就是与质子电荷交换的局域化电子主要位于 $MoS_2$ 的边缘。密度泛函理论计算表明 $MoS_2$ 平面位点是惰性的（$\Delta G_H$ 约 1.9eV），而边缘位点尤其是 ［1010］Mo 边缘对于 HER 是活性，$\Delta G_H$ 约为 0.08eV。基于这种认识，人们开展了大量的研究来开发 $MoS_2$ 纳米结构以获得最多的活性边缘位点，包括纳米粒子、纳米线、无定形膜、纳米片和富含缺陷的纳米片[100]。与 HER 的电催化机制不同，TMS 的热力学稳定性低于金属氧化物，这表明 TMS 在 OER 的强氧化条件下很容易被氧化成相应的金属氧化物。

因此，TMS 在形成作为实际催化活性位点的氧化物/氢氧化物表面时起到预催化剂的作用。

### 2.3.3.1　硫化钼

硫化钼（$MoS_2$）的 HER 催化活性在过去的几十年中得到了广泛的研究。常见的 $MoS_2$ 晶型有三种：2H、1T 和 3R。2H $MOS_2$ 由边缘共享 $MoS_6$ 三角棱组成，每个单元有两层，而 3R 相每个单元有三层，与 2H 相具有相同的单层配位。1T $MoS_2$ 是亚稳态，每个单元有一层，其中钼的配位是八面体。在 $MoS_2$ 三相中，由于其 2H 和 1T 独特的催化性能，被广泛应用于 HER 中。金属 1T 相（0.12eV）与半导体 2H 相（1.9eV）相比，$MoS_2$ 平面位点的 $\Delta G_H$ 是明显降低的。Tsai 等人计算了氢吸附的自由能，以估计各种过渡金属硫属化合物的边缘和平面位点的催化活性和稳定性。他们的结果表明过渡金属硫属化合物的平面位点可以通过优化氢吸附自由能赋予 HER 催化活性[101]。将 2H 相转变为 1T 相 $MoS_2$，对 HER 催化惰性的平面位点产生氢吸附活性。对于 2H 相 $MoS_2$，钼的 $d$ 轨道分裂成三个能级，分别是 $d_{z^2}$ 轨道、$d_{x^2-y^2}$ 和 $d_{xy}$ 轨道、$d_{xy}$ 和 $d_{yz}$ 轨道，电子填充在 $d_{z^2}$ 轨道，电子发生跃迁到更高能级 $d_{x^2-y^2}$ 和 $d_{xy}$ 时需克服 1eV 的能量间隙，而对于 1T 相 $MoS_2$，$d$ 轨道分裂成 2 个能级，分别是 $d_{xy}$、$d_{yz}$ 和 $d_{xz}$ 轨道，以及 $d_{x^2-y^2}$ 和 $d_{z^2}$ 轨道（见图 2-6）[102]。因为硫的 $p$ 轨道的能量比费米能级低得多，所以 $d$ 轨道的填充决定了 $MoS_2$ 化合物中不同相的性质。在 1T 相中，可以在 $d_{xy}$、$d_{yz}$ 和 $d_{xz}$ 轨道上填充 6 个电子，而在 2H 相中，只有 2 个电子可以填充在 $d_{z^2}$ 轨道上。过渡金属硫化物中 $d$ 轨道的完全填充会产生半导体特性（2H），而部分填充则表现出金属特性（1T）[103]。密度泛函理论计算表明，1T 纳米片的应变导致费米能级附近的态密度增加，这有利于氢的结合，氢吸附的自由能接近零[104]。

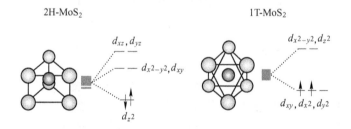

图 2-6　2H 和 1T 二硫化钼的晶体场诱导能级分裂及电子排布图

Jaramillo 等人证实了 $MoS_2$ 边缘对 HER 是活跃的[105]。此后，利用 $MoS_2$ 作为 HER 电催化剂的研究一直集中在通过各种化学或物理修饰来增加边缘与平面位点的比例以提高其活性，方法包括：增加边缘位点；工程缺陷和引入应变；异质原子掺杂；调整相位；异质结构构造。

与 TMO 相比，TMS 通常具有较高的电导率，这源于其价带和导带之间的小带隙。更令人印象深刻的是，2D 层状 MS₂（M＝Mo，W）表面具有丰富的活性位点和对氢原子的适度吸附能，使其对 HER 具有电催化能力。受 MoS₂ 边缘位点催化活性的启发，提高 HER 性能的一种常见策略是最大限度地提高比表面积以增加表面活性位点，如 NP、纳米线、纳米片、垂直纳米片、介孔结构等。Kibsgaard 等人合成了具有双螺旋结构的介孔 MoS₂，这种独特的结构表现出更大的比表面积和更多的表面活性位点（见图 2-7（a）），与 MoO₃-MoS₂ 纳米线相比，双螺旋型 MoS₂ 的表面积增加了 2.2 倍[106]。斯坦福大学崔屹教授团队报告了另一种暴露活性边缘位点的方法。在钼衬底上生长垂直排列的 MoS₂ 和 MoSe₂，相应的 HER 催化活性与暴露的边缘位置密度直接相关（见图 2-7（b））[107]。中国科技大学向斌教授团队制备了平行堆叠的单晶 MoS₂ 纳米带，其基面垂直于衬底，顶部表面被边缘位置完全覆盖，从而提供了较高的电催化析氢效率[108]。本书作者通过对 MoS₂ 片层边缘进行裁剪，制备出具有阶梯状边缘的 MoS₂ 纳米片阵列（se-MoS₂）。对比阶梯边缘表面（se-MoS₂）和平坦边缘表面（fe-MoS₂）上不同的氢结合能力，对 HER 性能差异提供了明确的解释。与 fe-MoS₂ 相比，se-MoS₂ 的氢化学吸附更强，导致阶梯状 MoS₂ 边缘表面上的 $\Delta G_H$ 值（约 0.02eV）降低，而且 se-MoS₂ 体系中长程有序 p-π 电子共轭的减弱将增加 p 电子在 $S_2^{2-}$ 边缘位置的定位程度，从而增强对 H⁺ 接触和电荷交换过程。独特阶梯状边缘结构赋予了 MoS₂ 出色的 HER 催化性能，在 10mA/cm² 时过电位为 104mV，交换电流密度为 0.2mA/cm²，稳定性高（见图 2-7（c））[100]。

与 MoS₂ 的边缘位置相比，平面的高度稳定和半导体性质通常被认为是热力学上更有利的。理论上，边缘位点的 HER 催化活性来源于边缘不饱和二硫键。因此，惰性平面位点可以通过有意引入结构缺陷来构筑活性位点。此外，这些缺陷被认为可在很大程度上改变局部态密度，并在价带和导带之间创造额外的能级，将 $\Delta G_H$ 调节到合适的水平。为了激活 MoS₂ 中的惰性平面位点，采用了多种策略，包括创造硫空位和应变。中国科学技术大学谢毅教授团队通过将高浓度的前体与过量的硫源反应，在 MoS₂ 平面位点产生大量缺陷，合成的富缺陷 MoS₂ 纳米片在 0.5mol/L H₂SO₄ 溶液中表现出良好的 HER 活性，起始电位为 120mV，远小于无缺陷 MoS₂ 纳米片[109]。本书作者采用 O₂ 等离子体处理 2H MoS₂ 产生缺陷，从而激活 MoS₂ 的平面位点使其具有活性[110]。上海华东理工 Xu 等人用碱化/去盐法在碳布上制备了三维有序不饱和硫边富集的 MoS₂ 纳米晶。该催化剂对 HER 具有优越和稳定的催化活性，在 0.5mol/L H₂SO₄ 中 10mA/cm² 下的过电位为 136mV[111]。Yaghi 教授团队将 Mo-S 团簇设计成有序的二聚体、笼和链状结构

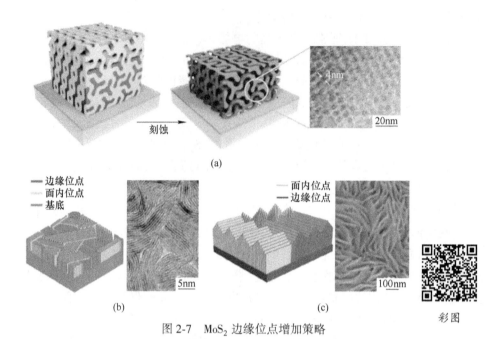

刻蚀

(a)

边缘位点
面内位点
基底

5nm

(b)

面内位点
边缘位点

100nm

(c)

彩图

图 2-7　MoS$_2$ 边缘位点增加策略

(a) 双陀螺介孔 MoS$_2$ 的结构示意图和相应的 TEM 图像；(b) 垂直 MoS$_2$ 阵列和相应的 TEM 图像；

(c) 阶梯状边缘 MoS 纳米片状阵列和相应的 SEM 图

用于电催化 HER，他们的研究表明硫醇与 Mo$_3$S$_7$ 之间的联系导致了催化剂具有更高的周转频率，达到 10mA/cm$^2$ 时的过电位仅为 89mV[112]。美国斯坦福郑晓琳教授团队证明，在 2H MoS$_2$ 中，应力只能略微增加 HER 活性，而应力和硫空位的组合可以显著增加 HER 活性。实验和理论结果表明，硫空位可以作为 HER 新的高活性和可调的催化位点，并且影响费米能级附近的态密度，这有助于降低氢吸附的自由能，具有硫空位能级的应变 MoS$_2$（SV-MoS$_2$）的 HER 活性显著增强[113]。他们还采用电化学脱硫方法大规模合成富硫空位的 2H MoS$_2$，并且通过改变脱硫电位可以调节脱硫 MoS$_2$ 的 HER 活性[114]。

　　杂原子掺杂是调节 MoS$_2$ 结构和 HER 催化活性的另一种有效方法。DFT 计算表明，MoS$_2$ 边缘中钴掺杂可以将 S-边缘的 $\Delta G_H$ 从 0.18eV 降低到 0.10eV，而 Mo-边缘没有变化，这表明钴的加入可以激活 S-边缘，实验数据证实钴掺杂的 MoS$_2$ 显示出高度增强的 HER 性能。在这些计算和实验结果的指导下，通过将贵金属（铂、金、钯和钌）、非贵金属（钴、铁、镍、铜、钒和锌）和非金属（硒、氧、氮、磷和硼）元素掺杂到 MoS$_2$ 中，开展了一系列促进 MoS$_2$ 催化性能的研究。中国科学院包信和教授团队首次报道了通过在少层 MoS$_2$ 纳米片中掺杂单原子铂（Pt-MoS$_2$），二维 MoS$_2$ 基面内均匀掺杂上铂原子激活了基面上的硫原子，HER 性能有了明显的改善。HER 活性中心来源硫原子而不是铂原子。基于 DFT 计算，他们还预测了掺杂其他金属单原子的 $MoS_2$ HER 性能。不同金属单原子结合会导致明显不同的 $\Delta G_H$ 值，从而产生不同的 HER 活性，呈现火山图趋势 （见图 2-8）[115]。冯新亮教授团队通过将镍原子掺杂到晶态 $MoS_2$ 纳米片中，使镍原子取代钼原子，使 $MoS_2$ 的 $\Delta G_{H_2O}$ 和 $\Delta G_{OH}$ 值分别显著降低到 0.66eV 和 3.46eV，此外，$\Delta G_H$ 也被调整到预期的水平 （-0.06eV）[116]。

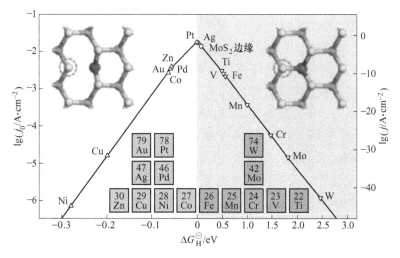

图 2-8　金属单原子掺杂 $MoS_2$ 的 $\lg j_0$ 和 $\Delta G_H^{\ominus}$ 火山图

除了掺杂金属外，人们还将非金属 （如硒、氧、氮、磷） 掺杂剂引入 $MoS_2$ 中，以改变其电导率和本征 HER 催化活性。中国科学技术大学谢毅教授团队的开创性工作表明，氧的加入可以改变价带和导带的密度，有效地调节电子结构，提高 $MoS_2$ 本征电导率，从而显著提高其 HER 活性[117]。Liu 等人验证了磷掺杂能大大降低 $MoS_2$ 的催化活性。实验结果表明，层间间距增大的磷掺杂 $MoS_2$ 纳米片具有显著的 HER 活性，其 $\eta_{10}$ 极低，约为 43mV，Tafel 斜率为 34mV/dec。其突出的电催化特性归因于磷掺杂剂可以在 $MoS_2$ 平面位点中作为新的活性中心，$\Delta G_H$ 为 0.04eV，并有助于显著降低相邻硫原子的 $\Delta G_H$，从 2.20eV 降低到 0.43eV，并提高本征电子电导率。磷掺杂剂也负责扩大层间距，从而促进氢的吸附和释放过程[118]。Komsa 和同事的理论研究表明，硒掺杂可以调节 $MoS_2$ 纳米片的电子结构和能带结构[119]。$MoS_{2(1-x)}Se_{2x}$ 能带结构的类似于 $MoS_2$ 和 $MoSe_2$。Norskov 等人使用 DFT 计算确定了 $MoS_2$、$MoSe_2$、$WS_2$ 和 $WSe_2$ 活性边缘位点氢吸附的自由能。他们发现氢在 $MoS_2$ 边缘 （$\Delta G_H$ 约 0.08eV） 和 $WSe_2$ 边缘 （$\Delta G_H$ 约 0.08eV） 稍弱，而在 $MoSe_2$ 边缘 （$\Delta G_H$ 约 -0.04eV） 和 $WS_2$ 边缘 （$\Delta G_H$ 约

−0.04eV）边缘稍强。因此，设计 $MoS_{2(1-x)}Se_{2x}$ 和 $WS_{2(1-x)}Se_{2x}$ 可以使 $\Delta G_H$ 更接近零，从而获得更高的 HER 活性[120]。当硒取代 $WS_2$ 中的硫合成 $WS_{2(1-x)}Se_{2x}$，由于硒的电负性值比硫的电负性值低，钨和硒之间的形成的键共价性更强，导致完全占据的 $d_{z^2}$ 带变宽。还可通过调整硒和硫的比例来实现 $WS_{2(1-x)}Se_{2x}$ 的带隙调节。He 等人使用化学气相沉积方法在碳纤维上合成了硫和硒量可控的 $WS_{2(1-x)}Se_{2x}$。生长的 $WS_{0.96}Se_{1.04}$ 纳米管提供了更多的活性位点和更高的电导率，并改善了析氢电催化性能，与 $WS_2$ 和 $WSe_2$ 相比具有更低的过电位（$\eta_{10} = 260mV$）和更高的交换电流密度（$0.029mA/cm^2$），更小的电荷转移电阻（在 128mV 过电位下为 204Ω）[121]。休斯顿大学任志锋等人报道了一种合成 $MoS_{2(1-x)}Se_{2x}/NiSe_2$ 的策略，首先将泡沫镍直接硒化，将泡沫镍转化为多孔 $NiSe_2$ 泡沫，然后在 $NiSe_2$ 泡沫上直接生长 $MoS_{2(1-x)}Se_{2x}$ 粒子。由于 $NiSe_2$ 泡沫板具有优异的导电性、多孔结构和高表面积，$MoS_{2(1-x)}Se_{2x}/NiSe_2$ 复合物具有超高的电化学表面积（双层电容为 $319mF/cm^2$），低 Tafel 斜率（42mV/dec）[122]。他们采用相同的方法制备了 $WS_{2(1-x)}Se_{2x}/NiSe_2$ 复合物，与 $WS_2$ 和 $WSe_2$ 相比，$WS_{2(1-x)}Se_{2x}/NiSe_2$ 复合材料具有更优的催化性能，交换电流密度更大（$0.2mA/cm^2$），过电位更低（$\eta_{10} = 88mV$），Tafel 斜率更低（46.7mV/dec），并且具有更加优异的稳定性[123]。

理论计算表明，金属 1T 相 $MoS_2$（0.006eV）的带隙远小于半导体 2H 相 $MoS_2$（1.74eV）的带隙。可见半导体特性的 2H $MoS_2$ 限制了电子在其中的传输。与 2H 相相比，1T 相具有金属特性，更有利于电子传导，从而促进 HER 动力学。Lukowski 等人通过正丁基锂插层 2H $MoS_2$ 获得金属 1T $MoS_2$ 纳米片，其催化 HER 活性显著提高[124]。1T $MoS_2$ 上的 HER 遵循 Volmer-Heyrovsky 反应路径，Heyrovsky 步骤是限制步骤。同时，与 2H 相相比，1T $MoS_2$ 的钼边具有更有利的电荷转移动力学。同样，在控制电位下锂离子电化学插层，连续调谐从半导体 2H 到金属 1T 相的转变，较深的锂放电过程扩大了 $MoS_2$ 层的间距，导致 2H 到 1T 相变，从而大大提高了其催化活性。Voiry 等人采用无溶剂插层法合成了 1T 相 $MoS_2$ 纳米片，Tafel 斜率为 40mV/dec。他们进一步揭示，主要活性位点是 1T $MoS_2$ 的平面位点[125]。张华教授团队报道了一种简便的方法，通过球磨和化学锂插层策略，大规模地生产具有大量边缘位置的水分散和高百分比的 1T 相 TMS 纳米点。令人印象深刻的是，所获得的 MoSSe 纳米点 $\eta_{10}$ 为 140mV，Tafel 斜率为 40mV/dec[126]。

导电基底复合是提高催化剂电导率从而提高其电催化性能的一种常见策略。Li 等人以 $(NH_4)_2MoS_4$ 为前驱体，氧化石墨烯（GO）为基底，合成了修饰在 rGO 上的 $MoS_2$ NP。与不含 rGO 的 $MoS_2$ 相比，$MoS_2/rGO$ 杂化材料具有更高的 HER 活性和耐久性。进一步的理论研究表明，导电材料不仅提高了电子电导率，

而且能调节 $\Delta G_H$ 值。在此之后，各种碳材料包括介孔石墨烯泡沫、多孔碳、碳纳米管、碳纤维纸、碳布等被广泛应用。除了最流行的碳基材料外，其他导电材料，如金属、氧化物、硫化物、氮化物、硒化物、磷化物和碳化物，也与 $MoS_2$ 偶联，以提高其 HER 催化活性。随着单相 $MoS_2$ 的成功，$MoS_2$ 与其他组分之间的界面也在理论和实验上进行了探索。中国科学技术大学曾杰教授团队通过将 $MoS_2$ 薄片沉积在黑磷（BP）纳米片上构建 $MoS_2$-BP 界面。由于 BP 的费米能级高于 $MoS_2$，电子可以从 BP 转移到 $MoS_2$，导致电子在 $MoS_2$ 上积累，从而增加 HER 交换电流密度[127]。Solomon 等人通过使用简单的一锅多元醇方法制备了 $Ag_2S/MoS_2/rGO$ 复合材料。$Ag_2S/MoS_2/rGO$ 复合材料在各相之间具有大量异质界面，与 $MoS_2$ 和二元复合材料相比，$Ag_2S/MoS_2/RGO$ 复合材料所需的 $\eta$ 更小，$\eta_{10}$ 和 $\eta_{50}$ 分别为 190mV 和 300mV，而 $MoS_2$ 和 $MoS_2/rGO$ 的 $\eta_{50}$ 分别为 460mV 和 400mV[128]。本书作者通过构建 $MoS_2/LDH$ 异质结构，显著增强 $MoS_2$ 在碱性电解质中的 HER 催化性能。$MoS_2/LDH$ 界面可协同促进 H（在 $MoS_2$ 上）和 OH（在 LDH 上）的化学吸附，从而有效地加速水的解离步骤和整体的 HER 催化作用。所制备的 $MoS_2/LDH$ 异质结构，特别是 $MoS_2/NiCo-LDH$ 复合材料，在碱性电解液中表现出最优异的性能，在 10mA/cm$^2$ 时的过电位低至 78mV，在碱性电解质中过电位为 200mV 时电荷转移电阻为 1.5Ω，并且具有优异的稳定性[9]。此外，还首次证明了通过构建 $MoS_2/Ni_2O_3H$、$MoS_2/Co_3O_4$ 和 $MoS_2/Fe_2O_3$ 异质结构可用来提高 $MoS_2$ 在碱性介质中的电催化 HER 性能，$MoS_2/Ni_2O_3H$ 催化剂在 200mV 的过电位下电流密度达到 217mA/cm$^2$，是商品化 Pt/C 催化剂的两倍[129]。

### 2.3.3.2　硫化钨

$WS_2$ 与 $MoS_2$ 具有相似的结构，对 HER 的催化机理与 $MoS_2$ 相似。Voiry 等人用锂插层和剥落法制备了原子尺度的 $WS_2$ 纳米片，并研究了它们的 HER 活性。随着剥离纳米片中金属 1T 相 $WS_2$ 浓度的增加，纳米片的催化活性增加，HER 交换电流密度增大[104]。除了 2H $WS_2$ 到 1T $WS_2$ 的化学剥落外，Lukowski 等人还提出了一种微波辅助插层方法，可以大大加快插层和剥落过程[130]。美国斯坦福大学郑晓琳教授团队报道了钴在 $WS_2$ 中的掺杂，最佳钴浓度的 $WS_2$ 具有优异的 HER 催化性能[131]。Yan 等人发现 2H $WS_2$ 的暴露边缘对铂原子具有较高的亲和力，他们采用电化学法在 2H $WS_2$ 边缘沉积上 Pt NPs 形成 Pt/$WS_2$ 纳米片，Pt/$WS_2$ 表现出优异的 HER 催化活性，甚至优于商品化 Pt/C[132]。

### 2.3.3.3　铁、钴、镍基硫化物

非层状 $M_xS_y$（M=Fe、Ni、Co），由于其高导电性、快速电荷转移动力学和低

成本，已成为有潜力的 HER 催化剂。斯坦福大学崔屹教授团队报道了 $FeS_2$、$NiS_2$ 和 $CoS_2$ 在酸性环境中的 HER 催化活性和稳定性，发现与 $FeS_2$ 和 $CoS_2$ 相比，$Fe_{0.43}Co_{0.57}S_2$ 和 $CoSe_2$ 部分填充了 $e_g$ 轨道，在酸性溶液中表现出优异的催化活性。Sung 等人研究发现 NiS 在酸性和碱性介质中的催化活性优于 $Ni_3S_2$[133]。然而，Sun 等人比较了具有相似晶体尺寸和比表面积的 NiS、$NiS_2$ 和 $Ni_3S_2$ 在强碱性溶液中的 HER 活性，并报道了催化活性变化趋势为 $Ni_3S_2 > NiS_2 > NiS$。他们认为 $Ni_3S_2$ 具有金属特性，表现出最高的 HER 活性[134]。Yin 等人用各种过渡金属掺杂剂（钴、铜和铁）合成了 $NiS_2$ 纳米片，以改变电子结构。与铁和铜掺杂的样品相比，钴掺杂的 $NiS_2$（$CoNiS_2$）显示出更小的 $e_g$-$t_{2g}$ 分裂间隙，表明跨费米能级的电子转移效率更高，表明更有利的 HER 催化过程。$Co$-$NiS_2$ 的 $\eta_{10}$ 为 80mV，Tafel 斜率为 43mV/dec，远小于铁掺杂、铜掺杂和未掺杂的 $NiS_2$[135]。钴在促进 $CoS_2$ 的 HER 动力学方面起着重要作用，钴基硫化物作为一种潜在的 HER 电催化剂引起了人们的极大兴趣。湖南大学王双印教授团队合成了磷掺杂 $CoS_2$ 纳米片阵列，促进了质子的电荷转移和吸附，从而更好地催化 HER 过程。该复合材料在 $0.5mol/L$ $H_2SO_4$ 中的 $\eta_{10}$ 为 48mV，交换电流密度为 $1.14mA/cm^2$，Tafel 斜率为 55mV/dec。DFT 计算证明黄铁矿结构中的磷替代是使 $CoS|P/CNT$ 杂化材料具有化学稳定性和催化耐久性的关键原因[136]。Tard 小组以 $Fe_2S_2(CO)_6$ 为前驱体，采用溶剂热法合成了 FeS NP。虽然活性不令人满意，但 FeS NP 在组成和活性方面表现出较强的耐久性[137]。马里兰大学胡良兵教授团队将超细 $FeS_2$ NP 与 rGO 复合，$FeS_2/rGO$ 杂化材料的性能得到很大的提高。近年来，近红外辐射被用来触发 FeS 从半导体向金属相转变，在 HER 催化中表现出较高的本征催化活性和快速的载流子转移，在 $10mA/cm^2$ 时的过电位为 142mV，Tafel 斜率为 36.9mV/dec[138]。

　　如前所述，金属硫化物表面在苛刻的 OER 电位下转化为氧化物/氢氧化物，表明硫化物表面难以作为 OER 活性位点。因此，TMS 电催化剂被认为是具有金属硫化物和金属氧化物/氢氧化物异质结构的预催化剂。最近，研究人员引入了高熵合金的概念，合成在 OER 电位下能稳定工作的金属硫化物催化剂。Cui 等人通过脉冲热分解法合成了高熵金属硫化物纳米颗粒。他们利用铬、锰、铁、钴和镍金属元素制备了从一元到五元的各种金属硫化物纳米颗粒。与二元、三元和四元纳米粒子相比，五元高熵金属硫化物纳米粒子（即（$CrMnFeCoNi$）$S_x$）显示出增强的 OER 活性和稳定性。此外，即使在 OER 稳定性测试之后，（$CrMnFeCoNi$）$S_x$ 纳米颗粒仍能保持其原始晶体结构[139]。

### 2.3.4　过渡金属磷化物催化剂

　　过渡金属磷化物（TMP、TM = Fe、Co、Ni、Mo、W 和 Cu）广泛应用于各种加氢处理工艺，如加氢脱硫、加氢除氧和加氢脱氮，作为 HER 的潜在催化剂，也引起了人们的广泛兴趣。不同于金属碳化物和氮化物，其中碳和氮原子嵌套在金属原子晶格的间隙空间中以形成相对简单的晶体结构。例如，氮化钼的体心立方晶体结构或碳化钼的六方密堆积结构，由于磷原子半径较大，金属磷化物的晶体结构多形成三棱柱结构，磷化物中的这些棱柱形结构单元与硫化物相似，但是与金属二硫化物的层状结构不同，金属磷化物倾向于形成各向同性晶体结构，这种结构差异可能导致金属磷化物具有比金属硫化物更多的配位不饱和位点，这使得氢更容易接近晶体表面上的活性位点，因此，金属磷化物可能比金属硫化物具有更高的催化活性。碳和氮相比，磷的电负性较低，在金属磷化物中产生弱配体效应。在 $Ni_2P$ 中，$Ni_2P$ 的镍空心位置是较强的氢受体，由于弱配体效应，$Ni_2P$（001）表面上的氢吸附仅比金属 Ni（111）表面上的稍弱。$Ni_2P$ 表面上的强氢结合强度似乎与 $Ni_2P$ 对 HER 的高活性相矛盾。然而，布鲁克海文国家实验室 Liu 等人的一项理论研究表明，$Ni_2P$（001）表面上强的 H—Ni 相互作用会产生类似催化剂"氢中毒效应"，当镍位点被氢占据后，更多的氢原子以中等强度结合在 Ni—P 桥位点上，从而使 $Ni_2P$ 催化剂的 HER 活性与铂和［NiFe］氢化酶相当[140]。在 MoP 中存在类似的氢中毒效应。南洋理工大学 Wang 的研究小组发现，在 50%～75% 的氢覆盖率下，氢在 MoP（001）中磷端基面上的氢吸附自由能接近 0eV[141]。Popczun 等人通过实验验证了纳米结构的 $Fe_2P$ 型 $Ni_2P$ 在酸性电解液中对 HER 具有很高的活性[142]。孙旭平教授团队直接在碳布（CC）上生长各种 TMP（如 FeP、WP 和 CoP）纳米棒阵列，均表现出较高的 HER 活性和稳定性[143~145]。

CoP 不同于 $Fe_2P$ 型结构的 $Ni_2P$，CoP 具有 MnP 结构类型。在 CoP 结构中，磷原子被 6 个在高度扭曲的三棱柱角上的金属原子包围，进一步形成沿 b 方向延伸的之字形链，P—P 距离为 0.27nm。Popczun 等人首次报道了 CoP 是一种高活性且在酸性介质中稳定的 HER 催化剂。他们通过钴纳米粒子与正辛基膦（TOP）反应合成了多面空心的 CoP 纳米粒子，然后将这些纳米粒子沉积在钛载体上，随后进行退火处理以制备 CoP/Ti 工作电极，制备好的电极在 85mV 过电位下产生的阴极电流密度为 20mA/cm²，在 0.5mol/L $H_2SO_4$ 溶液中电化学测试 24h 表现出很好的稳定性。此外，Sun 小组报道了碳纳米管修饰的 CoP 纳米晶体的合成，CoP/CNT 是由 $Co_3O_4$/CNT 前驱体与 $NaH_2PO_2$ 低温磷化制备而成。使用类似的方法，这个小组还成功地在碳布上生长了纳米多孔 CoP 纳米线阵列。他们发现制备的 CoP/CC 在所有 pH 值范围内可以稳定析氢 8000s。除了上面提到的两种催化剂，该小组还在碳布或钛板上进一步生长了 CoP 纳米粒子、纳米片阵列和纳米线，所有这些无黏结剂电极都显示出高催化活性。

在酸性介质中观察到较高磷含量的 TMP 在 HER 过程中具有更好的耐蚀性，

表明磷掺杂水平与 TMP 的稳定性相关，可能与金属磷化后在热力学上不易溶解有关，而且金属磷化物表面形成的可溶性磷酸盐层能有效抑制 TMP 的溶解。南阳理工大学 Wang 的团队合成了 Mo、$Mo_3P$ 和 MoP NP，并系统地研究了它们的性能。他们发现，随着磷含量的提高，HER 的活性和耐久性增加顺序为：MoP> $Mo_3P$>Mo[141]。同样，Pan 等人通过调节 P:Ni 前驱体比，合成了形貌相似但结构不同的磷化镍 NP，包括 $Ni_{12}P_5$、$Ni_2P$ 和 $Ni_5P_4$。其中磷含量最高的催化剂（44%（摩尔分数）P）表现出最高的催化活性和稳定性[146]。Callejas 等人比较了形貌相似的 $Co_2P$ 和 CoP 空心 NP 的 HER 活性，CoP 表现出比 $Co_2P$ 更好的 HER 性能。然而，过量掺杂磷原子会导致 TMP 电导率下降，导致 HER 性能下降[147]。与钴、镍和钼基 TMP 的情况不同，Schipper 等人发现磷化铁的 HER 活性遵循 $Fe_3P$>$Fe_2P$>FeP 的趋势，他们将 $Fe_3P$ 在 $Fe_2P$ 和 FeP 上的优越活性归因于 $Fe_3P$ 表面氢覆盖率高、$\Delta G_H$ 较低且电导率高，因此，在设计 TMP 基材料作为 HER 电催化剂时，应考虑并仔细控制磷原子的比例[148]。

　　降低催化剂的体积、增加催化剂的孔隙率以增加催化剂的比表面积和活性位点数量是提高催化性能的常见策略。但是 TMP 通常采用高温磷化的方法制备，该方法易造成催化剂团聚。为了获得小而均匀的尺寸，碳基材料通常被用作锚定 TMP NP 的底物起到限制 TMP NP 生长的作用。以多孔 UIO-66MOF 为模板和支架，通过 CVD 方法沉积上 $MoO_3$ NP，随后采用碳化、刻蚀和磷化步骤制备碳包覆 MoP（MoP@C）。多孔 UIO-66MOF 的引入不仅避免了 MoP 的堆积和聚集，还增加了 MoP 活性材料的质量负载，而且在碳和 MoP 之间提供了稳定的界面和坚固保护壳层。Wang 等人采用静电纺丝制备了直径约 10nm 的豌豆状 $M_xP$ NP（M = Ni、Fe、Co、Fe、Co 和 Cu）。在高温热解过程中，氮掺杂的碳纳米纤维固定住 $M_xP$ NP 阻碍其聚集。氮掺杂的碳纳米纤维也可显著降低催化剂电阻率，并能保护 $M_xP$ 在反应过程中不受腐蚀[149]。Yang 等人设计了以海藻提取物为前驱体合成出具有二维超薄 CoP 纳米片（<1.5nm）的多孔 CoP 气凝胶。多孔气凝胶结构不仅不利于传质过程，而且还能抑制纳米片聚集，所获得的 CoP 纳米片气凝胶在全 pH 值下都具有优异的 HER 活性和稳定性[150]。湖南大学王双印教授团队在碳纸上制备了多孔 CoP 纳米片（p-CoP/CP）在全 pH 值范围内表现出优异的催化活性和稳定性，在 1.0mol/L $H_2SO_4$、1.0mol/L PBS 和 1.0mol/L KOH 中，$\eta_{10}$ 分别为 39mV、60mV 和 57mV[151]。同样，天津大学张兵教授团队开发了一种化学转化策略，通过对 $Co_3O_4$ 前驱体的磷化，合成了厚度在 1.1nm 以下，表面富（200）晶面的多孔 CoP 超薄纳米片，多孔 CoP 超薄纳米片的活性约为 CoP NP 的80 倍[152]。中国科学院福建物质结构研究所 Wang 等人开发了一种简单而通用的策略，将 $MoO_x(OH)_y$ 锚定在 CNT 上，并通过磷化在多壁 CNT 的侧壁上均匀覆着小尺寸和结晶良好的 MoP NP[153]。Wang 等人首次合成了由铜基 MOF 衍生的氮、

磷共掺杂多孔碳包覆的 $Cu_3P$ NP（$Cu_3P@NPPC$），研究证明 $Cu_3P@NPPC$ 的高性能归因于其高比表面积，氮、磷共掺杂碳和 $Cu_3P$ NP 的协同效应，以及碳壳的保护[154]。Huang 等人设计了一种独特的层状 MoP 纳米片插层氮掺杂石墨烯纳米带（MOP/NG）结构，该结构由有机-无机杂化十二胺（DDA）插入 $MoO_3$ 纳米带一步热磷化合成。三明治的 MoP 纳米片嵌入在原位碳化的氮掺杂石墨烯纳米层之间，形成交替堆叠的 MoP/NG 杂化纳米带。MoP 纳米片提供了丰富的边缘位置，三明治的 MoP/NG 杂化有利于离子/电子快速传输，从而产生了良好的 HER 电化学活性和稳定性[155]。

基于空位/缺陷工程的观点，乔世璋教授团队通过热退火工艺成功地在 $Ni_{12}P_5$ 中产生了磷空位（$P_v$）。具有 $P_v$ 的 $Ni_{12}P_5$（$v$-$Ni_{12}P_5$）显示出多孔纳米片结构，镍和磷原子均匀分散。XAS 实验表明，$Ni_{12}P_5$ 中镍的 K 边强度高于金属镍，但远低于 NiO，表明可能存在 $1s \rightarrow 3d$ 跃迁，$Ni_{12}P_5$ 中的镍接近金属状态，Ni $3d$ 中的电子稍少。与 $P_v$-$Ni_{12}P_5$（$\eta_{10}$ 为 120mV，Tafel 斜率为 83.6mV/dec）相比，$Pv$-$Ni_{12}P_5$ 催化剂的 $\eta_{10}$ 仅为 27.7mV，Tafel 斜率为 30.88mV/dec，甚至优于 Pt/C（32.7mV 和 30.90mV/dec）。密度泛函理论计算表明，在 $P_v$-$Ni_{12}P_5$ 内部有相当多的电子积累与 $P_v$ 一起诱导 $Ni_{12}P_5$ 中电子再分布。$P_v$-$Ni_{12}P_5$ 的 $\Delta G_H$ 值为 0.36eV，$Ni_{12}P_5$ 的 $\Delta G_H$ 值为 0.43eV，这表明 $P_v$ 可以促进 $H^*$ 吸附[156]。

异质界面工程可以通过不同组分或相之间的电子耦合效应来开发优良的催化剂。此外，碳缺陷可用于捕获和稳定反应产物，促进进一步的电催化性能。陈等报道了利用大气压介质阻挡放电等离子体产生的缺陷，在碳布上成功制备了具有丰富异质界面的双相 $Ni_{12}P_5$-$Ni_4Nb_5P_4$ 纳米晶。在 DBD 等离子体处理之后，碳纤维表面形成大量圆形凹坑，$Ni_{12}P_5$-$Ni_4Nb_5P_4$/PCC 电催化剂表现出优异的 HER 性能，其 $\eta_{10}$ 和 $\eta_{50}$ 分别为 81mV 和 287mV，3000 次循环后的极化曲线接近初始曲线。$Ni_{12}P_5$-$Ni_4Nb_5P_4$ 界面的 $\Delta G_H$ 约为 0.16eV，远低于 $Ni_{12}P_5$（0.23eV）和 $Ni_4Nb_5P_4$（0.35eV）表面的 $\Delta G_H$，表明在 HER 过程中，$H^*$ 在 $Ni_{12}P_5$-$Ni_4Nb_5P_4$ 异质界面上的吸附动力学良好。他们表示 $Ni_{12}P_5$-$Ni_4Nb_5P_4$/PCC 电催化剂的优异 HER 性能归因于 $Ni_{12}P_5$ 和 $Ni_4Nb_5P_4$ 之间异质界面及复合材料和 PCC 之间的强结合。这一特性减少了电流的损失，促进了活性物质的吸附或活化，并使 HER 的电子转移和动力学过程更快。

掺硒或掺氧的过渡金属磷化物的形成改变了金属的 $d$ 电子结构特性，从而调整其 HER 催化性能。威斯康星大学麦迪逊分校化学系金松教授团队研究了一系列黄铁矿相磷硒化镍纳米材料的结构及其 HER 活性。通过调整磷和硒的比例，他们合成了一系列黄铁矿相的磷硒化镍材料，$NiP_2$、硒掺杂 $NiP_2$（$NiP_{1.93}Se_{0.07}$）、磷掺杂 $NiSe_2$（$NiP_{0.09}Se_{1.91}$）和 $NiSe_2$[157]。结果表明，硒掺杂 $NiP_2$（$NiP_{1.93}Se_{0.07}$）表现出最高的 HER 活性，可以在 84mV 的过电位下达到 $10mA/cm^2$ 的电催化电流密度，Tafel 斜率为 41mV/dec，提供了通过在现有电催化剂中掺杂或合金化非金属元素来提高 HER 催化活性的另一个例子。乔世璋教授团队开发了一种双功能铁和氧共掺杂的 $Co_2P$（$Co_2P$-CoFePO）催化剂电极，该电极生长在泡沫镍上，用于整体水分解。阳离子和阴离子之间的原子调节在优化电催化活性中起重要作用，这大大增加了电催化剂中的活性位点[158]。清华大学 Li 等人合成了氧掺杂 MoP 和氧掺杂 CoP 纳米粒子，分别应用于 HER 和 OER。他们发现，在过渡金属磷化物中引入氧原子不仅可以提高其固有的导电性，还可以通过增加 M—P 键长来激活活性位点，有利于 HER 和 OER 反应。第一性原理计算表明，氧掺杂的 TMP 可以在费米能级上获得更高的电子态密度，表明其本征电导率增强。扩展 X 射线吸收精细结构光谱（EXAFS）分析表明，与 Mo—P 相比，氧掺杂的 Mo—P 配位略正向移动，与 Co—P 相比，氧掺杂 Co—P 的配合物略正向移动，表明存在氧原子时配位不饱和或表面结构无序度增加。纯 MoP 的 $\Delta G_H$ 与零相差大，然而在 3/4 层氢覆盖（1O-P-MoP）或者 2/4 层氢覆盖（2O-P-MoP）掺杂的 MoP 体系的 $\Delta G_H$ 接近零。对于 OER，计算出的 $^*$OOH 在 $CoO_x$/CoP 上的吸附能为 2.42eV，而在 $CoO_x$/O 掺杂的 CoP 系统中，吸附能降低到 2.19eV，这意味着引入氧之后有利于 $^*$OOH 的形成[158]。为了进一步提高 CoP 催化剂的 HER 活性和稳定性，威斯康星大学麦迪逊分校金松团队采用掺磷的方法构建了高活性黄铁矿型磷硫化钴（CoP∣S）。通过磷掺杂，可以促进电荷转移和质子吸附从而能更高效催化 HER 反应。与由 $Co^{2+}$ 八面体和哑铃形 $S_2^{2-}$ 的 $CoS_2$ 不同，CoPS 的晶格常数比 $CoS_2$ 小，并且由 $Co^{3+}$ 八面体和磷、硫原子均匀分布的哑铃形组成。因为在 CoPS 中的 $Co^{3+}$ 八面体包含的磷配体比硫配体具有更高给电子特性，在开放的磷位点发生氢吸附之后，由于 $Co^{2+}$ 和 $Co^{3+}$ 之间的自发转化，在相邻钴位点的吸附氢自由能变得几乎接近热中性（在相邻磷位点的氢吸附时，$Co^{3+}$ 位点还原为 $Co^{2+}$，然后在随后的钴位点的氢吸附时，$Co^{2+}$ 氧化为 $Co^{3+}$）（见图 2-9（a）（b））。结果，CoP∣S 电极在 10mA/$cm^2$ 的催化电流密度下过电位低至 48mV（见图 2-9（c））[159]。Wang 等人观察到磷取代对材料的化学稳定性和催化耐久性至关重要，磷取代会显著影响钴和硫/磷之间的化学键的性质和每个钴原子在黄铁矿结构中的八面体中的配位（见图 2-9（d）），当 $CoS_2$ 的黄铁矿结构中一半的硫原子被价电子较少的磷原子取代时，反键 $e_g^*$ 轨道电子减少，这加强了钴和配体之间的化学键，从而增强了催化剂在析氢过程中的化学稳定性（见图 2-9（e）（f））[160]。Sampath 等人合成了用于析氢的层状三元钯磷硫化物（PdPS）复合还原氧化石墨烯（rGO），得到了 46mV/dec 的超低 Tafel 斜率[161]。使用与 rGO-PdPS 系统相似的生长过程，同一组合成含有硫和磷作为有利的氢吸附位点的 rGO-$FePS_3$。制备的 rGO-多层 $FePS_3$ 复合材料表现出良好的 HER 性能，Tafel 斜率为 45mV/dec，

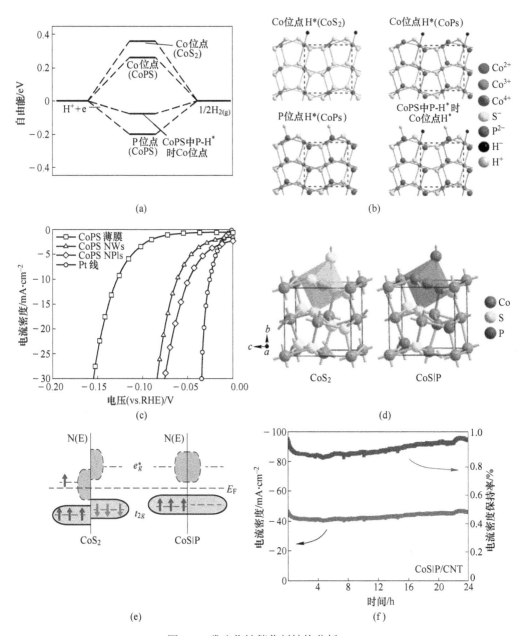

图 2-9 磷硫化钴催化剂结构分析

（a）H* 在 $CoS_2$（100）表面钴位点吸附及在 $CoS_2$（100）表面磷位点吸附后的钴位点、磷位点的自由能图和（b）结构示意图；（c）iR 校正后的极化曲线；（d）黄铁矿相 CoS 和 CoS|P 的结构图；（e）黄铁矿相 CoS 和 CoS|P 的前线分子轨道的概念能级图；（f）CoS|P/CNT 电极极化曲线

彩图

交流电流密度为 1mA/cm²。他们指出，rGO-多层 FePS₃ 复合材料的高 HER 活性可能源于 rGO 的存在提高了电导率[162]。Jaramillo 等人报道了硫掺杂 MoP（MoP｜S）催化剂在酸性介质中有极好的 HER 活性和稳定性，在相同的催化剂负载量下，$\eta_{10}$ 从 MoP 的 117mV 降低到 MoP｜S 的 86mV。他们将这种增强归因于硫和磷调整了彼此的电子特性，产生出比基于纯硫化物或磷化物更多的活性位点，从而增强了 HER 的性能[163]。Anjum 等人通过硫脲-磷酸辅助策略合成了硫和氮双掺杂 MoP（MoP/SN），其中还原剂硫脲充当硫源和氮源，磷酸提供磷原子。然后，将 MoP/SN 锚定在石墨烯上（MoP/SNG）。所得复合材料具有较高的活性和稳定性，电化学 HER 在酸性和碱性电解质中的性能均优于大多数 MoP 基电催化剂[164]。

　　金属元素掺杂也可以促进 TMP 的 HER 行为。为了深入了解金属掺杂效应，Kibsgaard 等人采用了一种综合的实验-理论方法，系统地合成了不同的 TMP，并将实验确定的 HER 活性与计算的 $\Delta G_H$ 进行了比较，研究了 HER 活性与各种 TMP 的 $\Delta G_H$ 之间的关系。根据计算，他们预测混合金属 TMP 中，Fe₀.₅Co₀.₅P 具有最接近零的 $\Delta G_H$。根据 $\Delta G_H$ 绘制的各种 TMP 的归一化电流密度和平均 TOF（@$\eta_{100}$）都显示了火山形状，实验验证了 Fe₀.₅Co₀.₅P 在所研究的 TMP 中具有最高的 HER 活性（见图 2-10）。

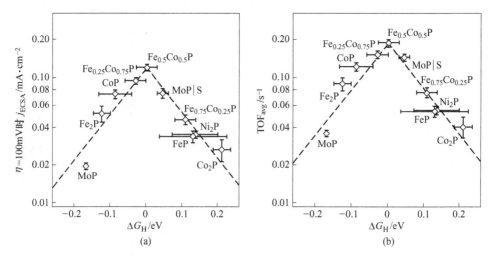

图 2-10　HER 电催化剂的活性火山图显示不同 TMP 催化剂电化学活性表面积（ECSA）
归一化 $\eta_{100}$ 时的电流密度（a）和 TOF 与 $\Delta G_H$ 的相关性（b）

　　香港城市大学 Paul. K. Chu 教授团队报道了一种由镍掺杂非晶态 FeP NP、多孔 TiN 纳米线和石墨碳纤维（Ni-FeP/TiN/CC）组装而成的高效催化剂，其中镍掺杂的 FeP NP 均匀地锚定在 TiN/CC 纳米线阵列上。通过离子注入，镍被结合到 FeP NP 中，这也使表面区域变形。柔性和独立的 Ni-FeP/TiN/CC 催化剂在碱性介质中表现出与商品化 Pt/C 相当的电催化性能。其显著的 HER 活性归因于镍和铁原子、高活性非晶表面及镍掺杂 FeP NP 与导电 TiN 支架之间的牢固结合，暴露了大量的活性中心，提高了电荷转移效率，防止了催化剂的迁移和聚集。新加坡国立大学 John Wang 团队合理地设计了一种钼掺杂 CoP(Mo-CoP) 纳米阵列，与 CoP 相比，Mo-CoP 对 HER 催化具有显著的增强作用。Mo-CoP 催化剂的 $\eta_{10}$ 仅为 40mV，明显低于 CoP(160mV)，接近 Pt/C。这一显著的改善来自钼掺杂较低的势垒和通过纳米结构增加的反应活性中心密度。DFT 计算验证了磷位的 $\Delta G_{\mathrm{H}}$ 值从 CoP(111) 表面的 0.29eV 急剧下降到 Mo-CoP(111) 表面的 0.07eV[165]。Pan 等人报道了一种电子结构和 $d$ 带中心控制工程，用于促进通过自模板转化策略合成 M 掺杂 CoP(M=Ni、Mn 和 Fe) 空心纳米框架。正如预期的那样，镍、锰和铁掺杂剂能提高 HER 的电催化活性，用 Ni-CoP 催化剂获得了最佳的性能。同步辐射 X 射线近边吸收谱、X 射线光电子能谱、螺旋电子能谱、紫外光电发射光谱和 DFT 计算一致表明，性能的提高与 $d$ 带中心的下移和金属掺杂对电子结构的改变有关。计算得到 CoP(101) 表面的 $\Delta G_{\mathrm{H}}$ 值 0.16eV，而铁、锰和镍掺杂的 $\Delta G_{\mathrm{H}}$ 分别降低到 0.15eV、−0.13eV 和 0.03eV[166]。此外，许多双金属杂化 TMP，如 Ni-Co-P、Mo-W-P、Ni-Mo-P、Ni-Fe-P、Co-Mo-P、Co-Fe-P 和 Fe-Mn-P 与未改性的 TMP 相比，均表现出更好的催化性能。

尽管已经开发了许多提高 TMP 催化剂性能的策略，但是催化剂的低成本、大规模合成仍然具有挑战性。提高 TMP 电催化 HER 性能的基本方法是增加活性位点的数量和活性位点的本征活性，可以通过其形态特征获得高活性和大比表面积，所以晶面控制和中空 TMP 纳米结构的开发受到了极大的关注。研究人员已经报道了晶面效应对 TMP 催化剂性能的影响。例如，Wu 等人报道了具有暴露的 (100) 和 (111) 面的 CoPS 单晶，在低电位区 (0~0.35V)，(100) 面的 HER 催化活性优于 (111) 面，而在高电位区 (>0.35V) 的情况则相反。在低电位下，限速步骤为氢吸附，在 (100) 面上的反应动力学更快，产生增强的 HER 性能。然而，在高电位下，$H_2$ 复合/解吸成为速率限制步骤，因此具有较低 $H_{\mathrm{ad}}$ 势垒的 (111) 面显示出较好的 HER 活性。被特定晶面包围的中空 TMP 纳米结构可能比固体纳米结构具有更大的活性位点密度，有助于改善它的电催化性能。然而，由于合成中的困难，包括中空结构在内的催化剂的形貌控制对于这些 TMP 系统的探索要少得多，这需要对纳米晶体生长过程的深入理解。因此，通过进一步发展形貌和晶面控制的纳米结构合成方法，可以期待高密度的低配位金属和丰富的磷原子作为催化位点的 TMP 成为最佳的电解水催化剂。

## 2.3.5　过渡金属碳化物催化剂

过渡金属碳化物（TMC）由于其具有成本效益、优异的导电性、优异的化学稳定性和热稳定性及与铂基催化剂相似的电化学特性等优点，在过去几年中受到了广泛的关注[167]。然而，TMC 的 HER 性能仍然受到其表面较强的氢吸附限制，优化 TMC 的电子特性以调整氢吸附能对于进一步提高其 HER 活性至关重要。因此，最近对 TMC 的研究主要集中在设计具有异质结构的 TMC 基材料（例如与过渡金属化合物杂交）。TMC 也被认为是有前途的 OER 催化剂，因为它们在高电位下具有高化学稳定性。然而，与 HER 活性相比，TMC 的 OER 活性较差，严重限制了其实际应用。这主要归因于 OER 中间体在催化剂表面的强烈吸附，导致去除反应中间体和产物的过程缓慢。

### 2.3.5.1 碳化钼

碳化钼中的碳原子填充在钼晶格中，导致晶格间距的增加和 $d$ 带收缩，表现出类似铂的电子构型使其具有活性吸附和活化氢的能力，因此，它是替代昂贵和稀缺的铂基催化剂的一种很有前途的催化剂。碳化钼有几个晶相，包括 $\alpha\text{-MoC}_{1-x}$、$\alpha\text{-Mo}_2\text{C}$、$\beta\text{-Mo}_2\text{C}$、$\eta\text{-MoC}$、$\gamma\text{-MoC}$ 和 $\delta\text{-MoC}$，它们由于不同的原子堆叠而表现出相当不同的 HER 性能。其中，$\beta\text{-Mo}_2\text{C}$ 的活性最高，其次是 $\gamma\text{-MoC}$。$\gamma\text{-MoC}$ 具有 WC 型结构，并在酸性介质中表现出很好的耐久性。XPS 结果表明，$\beta\text{-Mo}_2\text{C}$ 和 $\gamma\text{-MoC}$ 的价带与铂相似，暗示它们对 HER 的高催化活性。

具有高度结晶结构的 MoC 和 $\text{Mo}_2\text{C}$ 的合成通常是通过高温热解含钼的化合物和有机前驱体来进行的。不幸的是，这个过程导致低表面积和较差的电子传导。因此，人们致力于通过合成新结构来提高其 HER 性能。胡喜乐教授团队首次合成了 $\beta\text{-Mo}_2\text{C}$，并证明其具有良好的 HER 性能，在酸性和碱性条件下，$\eta_{20}$ 分别为 225mV 和 10mV[168]。Asefa 等人报道了在氮掺杂的石墨烯上合成多孔 $\eta\text{-MoC}$ 纳米片（np-$\eta$-MoC NS）。在合成中，前驱体 Mo-CN 在 750℃ 的热解过程中保持了四方结构。np-$\eta$-MoC NS 在 1mol/L KOH 电解质中显示出 28mV 的极低起始电位、小的 $\eta_{10}$（112mV）和 Tafel 斜率（53mV/dec），以及更有利的 $\Delta G_{\text{H}}$[169]。Yu 等人制备了一系列由镍、钴、铁和铬掺杂的 $\text{Mo}_2\text{C}$ 颗粒。其中，Ni-$\text{Mo}_2\text{C}$@ C 在 0.5mol/L $\text{H}_2\text{SO}_4$ 中表现出最低的 $\eta_{10}$（72mV）。DFT 计算表明，这些过渡金属掺杂的 $\text{Mo}_2\text{C}$ 材料的 $\Delta G_{\text{H}}$ 遵循以下趋势：Ni-$\text{Mo}_2\text{C}$ > Co-$\text{Mo}_2\text{C}$ > Fe-$\text{Mo}_2\text{C}$ > Cr-$\text{Mo}_2\text{C}$[170]。

为了增加碳化钼的活性中心并提高其活性，纳米结构工程和电子结构调整等几种策略得到了广泛的应用。制备各种纳米结构是增加活性位点数的有效途径，然而，它仍然是制备 $\text{Mo}_2\text{C}$ 纳米结构的一个挑战，因为 $\text{Mo}_2\text{C}$ 的形成需要高温，这将不可避免地导致 $\text{Mo}_2\text{C}$ NP 的聚集，从而减小了催化剂比表面积和电化学催化活性中心的数量。将 $\text{Mo}_2\text{C}$ 与碳纳米材料结合起来是一种有效的替代方法，可以缩小 $\text{Mo}_2\text{C}$ NP 的尺寸，同时提供连续的导电通道。因为钼的 $d$ 带会降低电荷从钼转移到碳，从而产生中等的Mo—H键强度，与碳的耦合更有利于氢的解吸。Shi 等人通过对钼基 MOF 的原位渗碳，制备了由石墨化碳壳层包裹的超细 MoC NP（MoC@GS）。制备的 MoC NP 的尺寸约为 3nm，被 1~3 层石墨壳所包裹，使杂化结构在酸性和碱性介质中成为一种高活性且稳定的 HER 催化剂[171]。Sasaki 等人展示了一种以钼酸铵和碳纳米管为前驱体，制备 Mo₂C-CNT 杂化纳米结构的固态渗碳工艺。原位形成的 Mo₂C NP 与 CNT 载体共价结合，这不仅促进了电子传输，而且抑制了 Mo₂C 在合成过程中高温下的团聚。同时，氢结合能受到从钼到碳的电荷转移的调制，优化为更合适的 $\Delta G_H$ 值[172]。复旦大学唐颐教授团队获得了 MoOₓ 与胺之间的亚纳米级接触，从而在惰性气氛中作为 Mo₂C 的前驱体时形成纳米晶组装的多孔纳米线。Mo₂C 纳米线的 HER 催化电流密度远大于 Mo₂C 颗粒，这是由于纳米孔结构的比表面积较大所致。值得注意的是，纳米多孔 Mo₂C 薄片的 HER 活性低于具有相似比表面积但晶粒尺寸较小的多孔 Mo₂C 纳米线[173]。

此外，杂原子掺杂碳衬底的使用已经被证明可以进一步提高碳化钼对 HER 的电化学活性。Zhang 等人通过简单地热解 MoO₃/聚苯胺前驱体，将 Mo₂C 嵌入氮掺杂碳纳米管中，并在酸性和碱性介质中获得具有优异 HER 电催化活性和稳定性的催化剂[174]。其优异的 HER 性能归因于引入碳纳米管中的氮，这不仅提高了与质子或水的反应活性，而且由于氮的电负性高于碳，赋予了与它们相邻的碳原子催化活性。随后，对其他含氮前体进行了探索，设计氮掺杂碳/TMC 复合材料。例如，将尿素转化为氮化碳（C₃N₄）作为反应模板，与金属反应，防止碳化物在高温下结块。Liu 等人在氩气气氛下，在 800°C 处理钼酸铵和双氰胺的均匀混合物，制备了分布在氮掺杂碳纳米层中的超小 Mo₂C NP（Mo₂C@NC）。在较宽的 pH 值范围内，这种 Mo₂C@NC 表现出较好的 HER 电催化活性。DFT 计算表明，Mo₂C@NC 的 $\Delta G_H$ 比碳层包覆的 Mo₂C NP（Mo₂C@C）更接近于零，表明氮掺杂进一步提高了 Mo₂C 对 HER 的电催化活性[175]。N，P-共掺杂 rGO 包裹的 Mo₂C（Mo₂C@NPC/NPRGO）由 H₃PMo₁₂O₄₀-PPy/rGO 纳米复合材料为前驱体合成，2~5nm 厚 Mo₂C 纳米片均匀地嵌入碳基体中，Mo₂C@NPC/NPRGO 在酸性介质中表现出优异的电催化活性，$\eta_{10}$ 低至 34mV，Tafel 斜率为 33.6mV/dec[176]。此外，Anjum 等人报道了一个硼-和氮-共掺杂的碳网络作为载体封装 Mo₂C，显著提高了其电催化活性，因为硼和氮掺杂增加了催化剂的润湿性能，促进了催化剂的电子和质子转移[177]。

理论上，Mo₂C 上的氢结合能太强，它阻碍 $H_{ad}$ 向气态产物解吸。一方面，后过渡金属（例如铁、钴和镍）和非金属元素（例如氮、硫、硼和氧）的富电子结构或相对较高的电负性可以作为调节 Mo₂C 的 $d$ 轨道和费米能级的合理掺杂剂；另一方面，掺杂剂本身及其相邻原子也可作为额外的活性中心提高其 HER

催化性能。重庆大学魏子栋教授团队报道了一种用镍掺杂的 $\beta$-$Mo_2C$ 的结构优化方法,当镍原子加入 $Mo_2C$ 晶格中时,电荷从钼原子转移到镍原子降低了氢结合能,从而有利于氢的解吸,过电位和 Tafel 斜率都降低,且交换电流密度增大[178]。为了解 $Mo_2C$ 中过渡金属(TM)掺杂对 HER 活性的影响,东北师范大学 Li 教授团队合成了一系列镍、钴、铁和铬掺杂 $Mo_2C$ NP,这些 NP 由几层石墨化碳壳覆盖(TM-$Mo_2C$@C)。实验和 DFT 计算结果表明,过渡金属元素掺杂对 $Mo_2C$ 的 $\Delta G_H$ 和催化活性有显著影响。得到的 HER 活性表现为以下顺序,即 Ni-$Mo_2C$>Co-$Mo_2C$>Fe-$Mo_2C$>Cr-$Mo_2C$,与它们逐渐减弱的氢结合能一致[179]。复旦大学唐颐教授团队将磷掺杂到 $Mo_2C$ 中,以调整电子结构促进其增强。他们通过热解三元 $MoO_x$-植酸-聚苯胺($MoO_x$-PA-PANI)杂化物,在 $Mo_2C$ 中引入了可调节剂量的磷(质量分数 0~3.4%)并均匀集成在碳上(P-$Mo_2C$@C)。对 $Mo_2C$ 的磷掺杂增加了 $Mo_2C$ 的费米能级周围的电子密度,由于 $d$ 轨道空位的减小,Mo—H 键减弱,从而提高了 HER 动力学。在最佳磷掺杂量(质量分数 2.9%)下,催化剂的 $\Delta G_H$ 接近 0eV,$\eta_{10}$ 为 89mV[180]。同样,在 MoC 上掺杂适量的氧会使钼中的 $d$ 带中心向下移动,调节 MoC 的 $\Delta G_H$,削弱 Mo—H 的强度,并引入空间位阻,从而提高其 HER 性能[181]。

由于钼缺陷处具有适当的 $\Delta G_H$,在 $Mo_2C$ 中引入钼空位以获得 $Mo_xC$ 被证明是一种促进 HER 动力学的有效策略。Yang 等人用氮掺杂石墨烯包覆有缺陷的 $Mo_2C$($Mo_xC$@石墨烯)制备了一种高效的 HER 催化剂[182]。韩国能源和化学工程学院 Jong-Beom Baek 教授团队以钼酸铵和二氰胺为前驱体,$SiO_2$ 纳米球为硬模板,在氢氟酸刻蚀 $SiO_2$ 模板过程中,Mo—O—Si 键断裂产生钼空位。根据 DFT 计算结果,与 $Mo^{2+}$ 相比,$Mo^{3+}$ 具有更接近铂的氢结合能。发现 $Mo^{2+}$/$Mo^{3+}$ 摩尔比为 0.4/0.6 的 $Mo_xC$ 具有 0.07eV 的氢结合能值,更适合 HER 中的氢吸收和解吸过程[183]。

### 2.3.5.2 碳化钨

与碳化钼一样,碳化钨也被证明具有类似铂的催化活性。Hunt 等人以二氧化硅为硬模板制备了超小 WC NP。得到的碳负载 WC NP 催化剂具有很高的活性和稳定性,其活性比商品化 WC 高约 100 倍[184]。Han 等人报道了在碳纤维纸上生长的氮掺杂 WC 纳米线阵列,氮掺杂有助于降低催化剂的氢结合能,从而促进氢解吸过程。因此,当在 HER 中应用时,氮掺杂 WC 比不掺杂 WC 具有更好的催化性能[185]。Ren 等人通过等离子体辅助氧化钨前驱体的碳化,在碳布上制备了多孔碳化钨(p-$WC_x$)纳米线,在强酸和强碱介质中获得优异的 HER 活性和耐久性[186]。

由于费米能级的电子态密度（DOS）更高且更有利 $H^*$ 吸附，$W_2C$ 表现出比 WC 更好的 HER 活性。中山大学 Chen 等人通过 $WO_x$ NP 与 CNT 前驱体的反应，在多壁碳纳米管（MWCNT）上合成了超小 $W_2C$ NP。这种方法在很大程度上防止了 $W_2C$ 在高退火温度下的聚集，创造了一个缺碳的环境，以获得纯的 $W_2C$ 相，并避免了当使用气态碳前驱体时催化剂表面的结焦。作为酸性条件下的 HER 电催化剂，$W_2C$/MWCNT 表现出小的 $\eta_{10}$（123mV）和 Tafel 斜率（45mV/dec）[187]。然而，$W_2C$ 的化学稳定性比 WC 差。Li 等人结合这两种成分的优点合成碳覆盖超细 WC/$W_2C$ 纳米线（WC/$W_2C$@C NW）。WC/$W_2C$@C NWs 催化剂在 0.5mol/L $H_2SO_4$ 和 1mol/L KOH 电解质中的 $\eta_{10}$ 分别为 69mV 和 56mV，稳定性良好[188]。Chen 等人构筑了具有丰富缺陷的 WC/$W_2C$ 界面的共析 WC/$W_2C$ 异质结构（ES-WC/$W_2C$）。ES-WC/$W_2C$ 催化剂在碱性电解质中表现出优异的 HER 活性，起始电位为 17mV，$\eta_{10}$ 为 75mV。富含缺陷的 WC/$W_2C$ 界面处水解离势垒较低，HO—H 键更容易裂解[189]。

### 2.3.5.3　其他过渡金属碳化物

铁、钴、镍碳化物，碳化铌，碳化钒和碳化钽等过渡金属碳化物也得到了广泛的研究。Fan 等人采用化学气相沉积法制备了垂直排列的石墨烯纳米带（GNR）负载的 $M_3C$（M=Fe、Co 和 Ni）、$Mo_2C$ 和 WC。得到的 $Fe_3C$-GNR、$Co_3C$-GNR 和 $Ni_3C$-GNR 在 $\eta=200mV$ 时，阴极电流密度分别为 166.6mA/$cm^2$、79.6mA/$cm^2$ 和 116.4mA/$cm^2$。这些碳化物的优异性能归因于其高电化学表面积、$M_3C$ 和 GNR 之间的协同效应及 $M_3C$ 与 GNR 基底之间良好的电荷传导和传质[167]。木士春教授团队开发了一种氯辅助"微切割-碎裂"技术，该技术使块状 TaC 不完全碳化，构筑出碳覆盖的具有高指数（222）晶面的 TaC 纳米晶（TaC-NCS@C），TaCNCS@C 复合材料表现出很高的 HER 动力学和优异的长循环稳定性[190]。香港城市大学 Chu 教授团队开发了一种分级纳米片结构，通过水热反应和随后的镁热反应将分离的 VC NP 封装在高导电介孔石墨化碳网络中（VC-NS）。该结构具有较大的比表面积、极低的过电位、快速的电化学反应动力学和优异的耐久性[191]。Li 等人通过水热法和随后的镁热反应将镍原子掺杂到 VC 和 $Fe_3C$ 纳米片中。Ni（100）和（111）晶面的 $\Delta G_H$ 值分别为 0.161eV 和 0.254eV，远低于碳和钒位点，表明 Ni-VC 中存在活性镍位点[192]。最近，武汉理工大学木士春等人制造 Ni-$Ni_3C$ 异质结构以调节 $H^*$ 的吸附。Ni-$Ni_3C$/CC 催化剂在 1mol/L KOH 电解质中表现出 98mV 的低 $\eta_{10}$[193]。

最近，一类前过渡金属碳化物或碳氮化物 MXenes（$Mn_lX_nT_x$）吸引了人们的关注，$Mn_lX_nT_x$ 中 M 代表前过渡金属，如钪、钛、锌、铪、钒、铌、钽、铬、钼等；X 代表碳和（或）氮；$T_x$ 指表面终止物（例如 OH、O 和 F）。由于 MXenes 具有较高的电子电导率和亲水性，在各种电化学反应中得到了广泛的应用。二维 MXenes 的 $\Delta G_H$ 值很大程度上取决于它是否含有氧终止，例如，裸露的 MXenes 与 $\Delta G_H$ 的氢吸附太强，为 -0.7eV，而氧原子终止的 MXene（例如 $Ti_2CO_2$）显示了理想的 $\Delta G_H$ 值（约 0eV）。氧端 MXenes 与氢的良好相互作用可以导致优化的 H* 吸收和氢气释放动力学，从而获得良好的 HER 性能。Seh 等人合成并证明了 $Mo_2CT_x$ 是一种很有前途的 HER 催化剂。此外，他们还从理论上证明了 $Mo_2CT_x$ 的基面对 HER 是活跃的。

金属碳化物，如 $Fe_3C$、$Ni_3C$、$Mo_2C$、$W_2C$，由于其优异的化学稳定性，也有望用于 OER。Xiao 等人使用 $Fe_2O_3$ 和 $CO_2$ 作为原料，通过电化学冶金制备了 $Fe_3C$ 基电催化剂。阴极上的碳沉积（$CO_3^{2-}+4e = C+3O^{2-}$）和铁形成（$Fe_2O_3+6e = 2Fe^{3+}O^{2-}$）导致高度分散的 $Fe/Fe_3C$（$Fe/Fe_3C$-MC）生成。$Fe/Fe_3C$-MC 催化剂的 $\eta_{10}$ 为 320mV，低于 $RuO_2$（353mV）[194]。化学结构分析证实了在 OER 过程中 $Fe/Fe_3C$ 向 $Fe_3C$-FeOOH 的转变。* OOH 中间体线性吸附在 $Fe_3C$-FeOOH 表面，这将有助于形成 $O_2$。$Fe_3C$-FeOOH 模型限速步骤的能垒为 1.37eV，低于 $Fe_3C/Fe$（5.43eV）和 $Fe_3C$（2.73eV），表明原位生成的 FeOOH 提高了催化 OER 动力学。郭等人报道了通过高压退火方法制备钴掺杂的 $Fe_3C$@碳纳米管（FCC@CNO）。FCC@CNO 的 OER $\eta_{10}$ 为 271mV，远优于基准 $RuO_2$。DFT 结果表明，钴倾向于形成比铁更弱的 * O 吸附。镍与 $Ni_3C$ 偶联可以优化水和 OER 中间体的吸附能，有利于 OER 催化动力学。通过对 $Ni(OH)_2$ 和三聚氰胺进行退火，得到了碳布上由 Ni NP 和 $Ni_3C$ NS 组成的 $Ni$-$Ni_3C$ 异质结构（$Ni$-$Ni_3C$/CC）。$Ni$-$Ni_3C$/CC 催化剂的 OER $\eta_{20}$ 为 299mV，低于 $Ni_3C$/CC 和 $RuO_2$。DFT 计算表明 $Ni$-$Ni_3C$ 速率决定步骤的 $\Delta G_H$ 值为 1.815eV，明显低于 $Ni_3C$（3.701eV）和 Ni（3.877eV），证实了 $Ni$-$Ni_3C$ 面上更有效的 OER 动力学。

### 2.3.5.4　具有异质结构的过渡金属碳化物

与单相金属碳化物相比，两相形成异质结构的金属碳化物由于界面上的协同效应而表现出优异的电化学活性。事实上，一系列基于 TMC 的异质结构被利用，例如 $Mo_2C$-WC、$Mo_2C$-$Fe_3C$、$Mo_2C$-$MoS_x$、$Mo_2C$-VC、$Mo_2C$-$Mo_2N$、$Mo_2C$-$Ni_2P$、$W_xC$-WN、$W_xC$-$WS_2$、Co/$\beta$-$Mo_2$　C@NCNT、$Mo_2C$/$NiS_2$/NCNT 和 WC-CoP。Huang 等人在镁热反应中，以 $NaHCO_3$ 为碳源，通过对微尺度 $V_2MoO_8$ 的原位相偏析，设计并制备了结晶碳包裹 $Mo_2C$ 和 VC 纳米异质结（$Mo_2C$/VC@C）。与 $Mo_2C$@C 和 VC@C 相比，$Mo_2C$/VC@C 表现出更好的 HER 性能。增强的性能归因于 $Mo_2C$/VC 异质结构，通过引入含有缺陷并提供强电子相互作用的 $Mo_2C$ 和

VC 界面来降低 $\Delta G_H$。黑龙江大学付宏刚教授团队提出了一种原位催化刻蚀策略，通过同时锚定一个小 $Mo_2N$-$Mo_2C$ 异质结（$Mo_2N$-$Mo_2C$/HGr）来制备 HoleyrGO，以获得非凡的催化活性。通过将 $H_3PMo_{12}O_{40}$（$PMO_{12}$）团簇固定在 GO 上，然后在空气和 $NH_3$ 中煅烧，形成 $Mo_2N$-$Mo_2C$/HGr，来设计 $Mo_2N$。混合结构在较宽的 pH 值范围内表现出优越的活性，低的起始电位（<18mV），并且具有显著的稳定性。增强的 HER 性能归因于 $Mo_2N$-$Mo_2C$ 界面附近较大的 DOS 吸附位点，而在费米能级处的单个 $Mo_2C$ 和 $Mo_2N$ 表面附近的 DOS 更大，并且在 N-Mo-C 界面的氮位处的理想 $\Delta G_H$ 值（0.046eV）远优于单个 $Mo_2N$（0.449eV）和 $Mo_2C$（-0.405eV）体系。

Kou 等人使用 MoZn 双金属咪唑酯骨架作为前体，通过金属阳离子交换和碳化合成金属单原子（例如钴、镍和铜）掺杂的 $Mo_2C$ 纳米片（M SA/$Mo_2C$）。金属单原子与 $Mo_2C$ 表面上的 3 个钼原子配位形成 M-$Mo_3$ 位点。Co SA/$Mo_2C$ 提供了 270mV 的超低 OER$\eta_{10}$ 和高周转频率（TOF）。部分 Mo K 边 XANES 图表明在 $Mo_2C$ 上装饰钴原子后，钼的平均电子密度降低，从而产生了有利于有效 OER 的 $OH^*$ 吸附强度。王等人以类似的方式合成了 $CoMo_2C$ 异质结构。由于 Co-ZIF-L-$MoO_4$ 前驱体中的长程有序 Co—O—Mo 连通性，原位生成的钴和 $Mo_2C$ 在热解后进一步形成了钴和 $Mo_2C$ 分布均匀的异质结构纳米粒子。Co-$Mo_2C$ 的 $\eta_{10}$ 仅为 190mV，远低于 $RuO_2$。OER 循环后，形成 γ 相羟基氧化钴（γ-CoOOH）。新产生的 γ-CoOOH 将促进电子从钼流向钴，有利于 $OH^-$ 的静电吸附，从而提高 OER 的催化活性。制备嵌入氮掺杂碳（$Co_6W_6C$@ NC）的双金属钴碳化钨纳米片，用于高效的 OER 催化，$\eta_{10}$ 为 286mV。该催化剂还显示出高 HER 性能，$\eta_{10}$ 为 59mV。潘等人通过核壳 $CuWO_4$@ ZIF-67 前驱体的热解合成了三金属 CoCuW 基碳化物。该催化剂由金属铜、六方 WC、铜掺杂的立方 $Co_3W_3C$ 组成，OER 的 $\eta_{10}$ 低至 238mV，HER 为 98mV。将铜引入 $Co_3Wo_3C$ 可以防止钴被还原为金属钴，最大限度地利用活性钴位点，并调节催化剂的电子结构以实现高效的 OER 和 HER。

尽管基于 TMC 的催化剂实现了增强的 HER 活性，但是对于它们来说，替代 PGM 催化剂仍然是一个巨大的挑战。$Mo_2C$ 被认为是 HER 中铂的理想替代品。密度泛函理论计算表明，氮掺杂碳和 $Mo_2C$ 之间的协同效应可以显著提高 $Mo_2C$ 的 HER 活性。因此，富氮碳前体通常用于制备这种材料。然而，通过这种方法合成的 $Mo_2C$ 颗粒体积庞大，通常被包裹在碳中。因此，构建具有多孔结构和低维形貌的 $Mo_2C$/NC 复合材料有望进一步提高 HER 活性。虽然碳化钨基催化剂在酸性溶液中表现出良好的高活性，但在碱性溶液中的活性却不令人满意。$W_2C$ 对碱性中的 $OH^*$ 中间体有很强的亲和力，这将导致活性钨位点变成惰性的 $W_xO_y$。掺杂其他金属，如钴和镍是提高 $W_2C$ 活性的常用策略。然而，由于掺杂金属的低化学稳定性，这种策略可能会对 $W_2C$ 基催化剂的耐久性产生不利影响。

因此，开发具有独特结构的 $W_2C$ 以获得优异的 HER 活性和在碱性溶液中的稳定性是必要的。例如，陈等人将共析结构引入电催化领域，使共析 WC 体系异质结构在碱性条件下表现出良好的 HER 催化性能。

### 2.3.6 过渡金属硼化物催化剂

过渡金属硼化物（TMB）也被认为是 HER 的有前途的催化剂，因为它们在酸性和碱性媒介中都具有金属特性和高稳定性。2012 年，洛桑联邦理工学院胡喜乐教授团队首先证明了多晶硼化钼（主要由 α-MoB 和少量 β-MoB 组成）可能是一种优秀的低成本 HER 电催化剂[195]。然而，由于硼化物基材料的合成困难，硼化物直到最近才引起人们的广泛关注。Fokwa 小组通过电弧熔炼合成了 3 种二元体硼化钼（$Mo_2B$、α-MoB、β-MoB），并对其性能进行了研究。他们制备的所有硼化钼都具有催化 HER 的活性，其活性顺序为 $Mo_2B$ <α-MoB<β-MoB[196]。随后，报道了许多纳米结构的 TMB，包括 $Mo_3B$、$MoB_2$、$Mo_2B_4$、$Co_2B$、NiB、$VB_2$、$FeB_2$、MoAlB、Co-NiB 和 Co-MoB。Fokwa 小组成功地合成了 $Mo_2B_4$，其中硼层以两种不同的形式存在扁平（石墨烯样）和皱褶磷烯样：他们采用 DFT 计算研究了四种不同表面（Mo1-、Mo2-、扁平 B-和起皱的硼端表面）的 $\Delta G_H$，揭示了每个表面的吸附中心，考虑了钼或硼原子顶部（T）、Mo—Mo 或 B—B 桥位（$B_g$）和空心位（$H_o$）三种吸附位点，在 HER 催化中，这些 $Mo_2B_4$ 材料表现出高度的硼结构依赖活性。具有石墨烯样的 $Mo_2B_4$ 具有最高的活性，而具有类似磷烯的 $Mo_2B_4$ 性能较差[197]。此外，α-$MoB_2$ 的 HER 活性强烈依赖于硼端 $MoB_2$ (001)面（石墨烯类硼层）的暴露，其作用类似于 Pt(111)面[198]。同样，Geyer 等人制备了具有石墨烯类硼层的 $FeB_2$ NP，作为一种高效、耐用的 HER 电催化剂。$FeB_2$ 催化剂在电流密度为 $10mA/cm^2$ 时的过电位仅为 61mV，并在 24h 过电位为 100mV 时保持稳定的电流密度。DFT 计算表明，$FeB_2$ 富硼表面具有合适的氢结合能，可用于中间体的化学吸附和 $H_2$ 的解吸，从而有利于 HER 动力学[199]。Fokwa 等人将硼化物基 HER 电催化剂家族扩展到 $VB_2$ NP，其中包含类石墨烯 B 层、V 端(100)面和混合 V/B 端(101)面的 $VB_2$。在高真空和高温条件下合成了 15 种金属二硼化物（$MB_2$，从ⅣB 族到Ⅷ族），并从理论和实验上研究了它们对 HER 的电催化活性。在酸性和碱性电解质中，HER 活性从ⅣB 族到Ⅷ族普遍增加，$RuB_2$ 表现出最佳的性能[200]。

金属 d 轨道与硼 sp 轨道之间的耦合相互作用使 $MB_2$ 的 d 轨道中心远离费米能级，从而获得合适的 $\Delta G_H$ 值和更好的 HER 活性。根据 DFT 计算的 $\Delta G_H$ 值，$MB_2$ 的催化活性（$\eta_{10}$）趋势与计算的 d 带中心值几乎呈线性相关，这与预测的活性趋势非常一致[201]。复旦大学 Guo 教授团队在几种衬底（Ni 箔、Ti 箔、CC）

上制备了一系列新型硼化物（Ni-B、Ni-W-B、Ni-P-B、Co-Ni-B、Co-P-B）。由于氢释放诱导的独特多孔结构，大多数制备的硼化物对 HER 具有很高的效率，在碱性溶液中非常稳定。上述基于 TMB 的 HER 性能表明，具有石墨烯类硼层硼端 TMB(001)面（例如 $MoB_2$、$FeB_2$ 和 $VB_2$）表现出类似于 Pt(111)面的催化行为，被认为是 HER 的催化活性中心[202]。

## 2.4 无金属催化剂研究进展

理想的 HER 催化剂通常是贵金属或过渡金属基材料，而无金属电催化剂通常表现出较低的活性。后来，人们对具有明确活性中心电子结构的无金属电催化剂的活性中心和纳米结构进行了深入的研究。纳米管、石墨烯和多孔碳是 HER 常用的无金属电催化剂碳源。功能化的碳纳米管具有不同的功能基团，如乙二胺（EDA）、聚多巴胺（PDA）和 N-S 共掺杂碳也被用作 HER 的无金属催化剂。此外，采用一步 CVD 策略制备了具有大量边缘位点的无金属和无掺杂的三维石墨烯，并显示出有效的催化活性。Laasonen 等人发现在 CNT 末端由五碳环和管壁六碳环组成的混合结构是对 HER 的表面催化位点[203]。东北大学 Chen 教授团队证明了氮、硫掺杂多孔石墨烯（NS-G）的高 HER 催化活性。在所设计的纳米多孔石墨烯中，掺杂剂与几何晶格缺陷之间的耦合使催化剂在 0.5mol/L $H_2SO_4$ 中具有高的电催化 HER 活性[204]。在晶格缺陷处，带正电荷的氮掺杂剂和带负电荷的硫掺杂剂的结合为 HER 提供了快速的电子转移路径。因此，氮和硫掺杂剂与纳米多孔石墨烯晶格缺陷的相互作用在 HER 的优越催化作用中起着至关重要的作用。乔世璋教授团队利用 DFT 计算和实验验证，系统地研究了一系列非金属杂原子掺杂石墨烯。所研究的模型是基于氮掺杂石墨烯（N-G），并引入磷、硫和硼等二次掺杂剂，通过两个杂原子之间的协同耦合效应来修饰碳的电子受体性质。在该研究中，10 种掺杂组合中的 50 个不同位点被评估为氢吸附的潜在活性位点。理论计算表明，氮、硫共掺杂石墨烯（NS-G）是所有双掺杂石墨烯中最活跃的，$\Delta G_H$ 值为 0.23eV，明显小于 N-G（0.81eV）。电子结构分析表明，通过调节费米能级附近活性炭的 DOS 峰，可以实现氢吸附的优化。与单原子掺杂的石墨烯（氮、硼、氧、硫和磷掺杂石墨烯）相比，双原子掺杂石墨烯催化剂具有较高的催化活性。最近，氮/硫，氮/磷和氮/氟共掺杂石墨烯对 HER 显示出优异的催化活性，甚至与 $MoS_2$ 相当。Chhetri 等人发现在氮掺杂石墨烯基体中引入硼形成硼碳氮化物（$B_xC_yN_z$），可以通过调节能带结构来增加活性中心的数量最终促进电子转移[205]。

石墨氮化碳（g-$C_3N_4$）具有高氮含量（主要为吡啶氮和石墨化氮），也被认为是一种潜在的高效无金属电催化剂。DFT 计算表明，g-$C_3N_4$ 与 N-石墨烯之间存在强烈的层间电子耦合效应。和最初 g-C$_3$N$_4$ 半导体特性相反，g-C$_3$N$_4$@ N-石墨烯杂化材料没有带隙，这保证了电子的快速转移。氮石墨烯与 g-C$_3$N$_4$ 的耦合重新分配了杂化层中的电荷密度，形成了从氮掺杂石墨烯到 g-C$_3$N$_4$ 的电子转移路径，导致 g-C$_3$N$_4$ 层上的富电子区和氮掺杂石墨烯层上的富空穴区。这种局域电子积累依次下调了 g-C$_3$N$_4$ 的价带和导带，导致分波态密度穿过 g-C$_3$N$_4$ 的导带，这最终有助于提高电子迁移率[206]。

在 KOH 电解质（pH=13）中，氮掺杂的碳（氮和碳）纳米材料（炭黑）在 1.61V 的电流密度达到 10mA/cm$^2$ 时表现出显著的活性。然而炭黑可能不稳定并被氧化，这导致了它不能长期使用。碳纳米管、石墨烯和类石墨烯化合物比炭黑更具导电性和稳定性。Cheng 等人系统地研究了单壁和多壁碳纳米管（SWNT 和 MWNT）的特性，提高电子传输速率（隧穿效应）[207]。发现随着壁的数量增加，OER 活性增强。除碳纳米管外，石墨烯或类石墨烯材料也已用于 OER 催化。Chen 等人通过氮和氧双重掺杂的石墨烯和碳纳米管的混合合成了独特的 3D 结构，这种 3D 构象多孔材料具有较高的比表面积和更多的活性位等优点，并且表现出 365mV 的低过电位，Tafel 斜率在 141mV/dec 附近[208]。石墨化 C$_3$N$_4$（g-C$_3$N$_4$）和石墨烯或碳纳米管可以形成 OER 的非金属复合催化剂，由于 g-C$_3$N$_4$ 中存在大量活性位点，表现出一定的 OER 催化活性。乔世璋教授团队制备的 3Dg-C$_3$N$_4$ 碳纳米管显示出更高的 OER 活性，过电位约为 370mV，Tafel 斜率约为 83mV/dec[209]。近年来，黑磷表现出非常有趣的性质，该材料具有 2D 褶皱层，可以通过调节膜厚来改变其导电性。通过热汽化转变（TVT）方法制备的黑磷（BP）在催化 OER 时施加约 1.6V 电压可表现出 10mA/cm$^2$ 的电流密度。

## 2.5  单原子催化剂研究进展

单原子催化剂（SAC）在 HER 领域显示出巨大的应用前景。使用碳材料作为锚定孤立金属单原子的载体来制造铂基 SAC，由于其高电导率、稳定性、结构多样性和表面化学特性而引起了极大的关注。将外来金属原子注入碳载体的缺陷中不仅可以稳定孤立的金属单原子，而且还可以通过金属与载体相互作用来改变它们的电子结构。例如，Qu 等人开发了一种获得高活性单原子位点催化剂的方法[210]。利用双氰胺热解产生氨，由于氨和铂原子之间的强螯合作用，原本分散的铂原子可以被氨捕获以形成 Pt(NH$_3$)$_x$ 并锚定在有缺陷的石墨烯表面上。在这种情况下，零价铂被氧化为 Pt$_\delta$(0<$\delta$<4)，同时通过热处理去除了 GO 上大部分含氧官能团，生成缺陷石墨烯（DG）。所得的 Pt SA/DG 催化剂对 HER 表现出优异的性能，与其他催化剂相比，Pt SA/DG 催化剂显示出最低的 $\Delta G_H$。楼雄文团队报道了一种通过高温热解将孤立的铂原子锚定在氮掺杂的介孔碳中的方法。获得

的 SAC 的质量活性是 Pt/C 的 25 倍。此外，电镀沉积方法也适用于在碳材料上制备原子分散的金属原子[211]。张等人展示了一种使用 CoP 纳米阵列作为载体构建铂基 SAC 的电化学方法，在中性介质中显示出优异的 HER 性能[212]。除了基于铂的 SAC，非贵金属单原子催化剂，尤其是 M-N/C 已被广泛应用于 HER 催化。锚定在氮掺杂碳材料上的孤立的钼原子是使用通用模板和高温热解路线设计和制造的。受益于其独特的结构特征，与 $Mo_2C$、MoN 和 Pt/C 相比，Mo-NC SAC 显示出非凡的 HER 性能。DFT 计算表明，Mo-NC SAC 具有低 $\Delta G_H$ 和大的电子态密度。此外，金属氧化物/碳化物/氮化物和碳限域的金属单原子均显示出增强的 HER 性能[213]。

对于 OER 而言，由于单原子催化剂的电势高，其微环境复杂多变，金属活性中心的电子结构和配位环境也在催化过程中动态演化，导致催化剂结构存在可变性和复杂性。通过自模板阳离子交换策略，Hu 等人开发了一种混合非晶/结晶 FeCoNi-LDH 作载体的钌单原子催化剂（Ru SA/AC-FeCoNi）。该方法能实现钌原子均匀地分散在整个 FeCoNi-LDH 载体上。在丰富的缺陷位点和不饱和配位点及高度对称的刚性结构的协同作用下，Ru SA/AC-FeCoNi 催化剂表现出优异的 OER 催化性能（$\eta_{10} = 205mV$）。钌和 FeCoNi-LDH 之间具有强的金属-载体相互作用，使钌单原子可以牢固地锚定在载体上。大多数 SAC HER 或 OER 催化剂是通过将金属单原子与合适的载体结合来制备的，具有改善的电子相互作用和独特的配位环境。因此，未来构建不同的原子界面和调节 SAC 活性位点周围的配位结构将是提高水分解性能的主要课题。

# 2.6 研究展望

本章总结了近几年来基于贵金属、非贵金属及无金属基的低成本和高性能 HER 电催化剂的研究进展。对于贵金属，研究的重点在于提高贵金属的利用效率，方法有减小颗粒尺寸、创造多孔结构以增加比表面积，与过渡金属结合以增加贵金属原子的分散并设计核-壳结构等。对于非贵金属催化剂，如钼、铁、钴、镍、钨、钒等，设计先进的纯金属及其合金、氧化物、氮化物、碳化物、硫化物、磷化物和硼化物方面取得了突破，其中一些具有与商品化铂基材料相当的活性。对于无金属催化剂，大多数工作集中在通过非金属元素掺杂来改善 $g-C_3N_4$ 和石墨烯的催化活性，调整其电子结构。催化剂结构设计和电子调控仍是主要优化策略：（1）建立特定的结构，以暴露较大密度的表面活性中心；（2）与导电载体结合，加速电子和离子的传输，从而减少动力学反应能垒；（3）与碳以外的其他材料耦合，形成异质结构和/或异质界面，协同促进电化学反应动力学；（4）掺杂异质原子以调整电子构型，优化催化剂表面的氢吸附/解吸热力学；

（5）OER 电催化剂的衰变部分归因于相变，该相变导致新的相从电催化剂表面剥离，可以在电解质和电催化剂之间沉积一层缓冲层，从而最大程度地减少相变问题，提高催化剂 OER 稳定性。

虽然通过多年的研究，催化剂的贵金属负载量大大降低，且催化性能有了大幅提升，但高效廉价电催化剂的开发仍面临一些挑战。

第一，贵金属基催化剂合成过程复杂且昂贵，从而使最终产品成本高，催化剂的产率和质量不足以满足工业和商业要求。希望开发出能大规模生产低贵金属负载量电催化剂的温和方法。

第二，虽然在高性能非贵金属电催化剂的开发方面取得了重大进展和突破，但只有少数具有与铂基催化剂相似的性能。改善现有非贵金属基催化剂的催化行为和（或）探索新的催化剂将是未来几年的研究重点。

第三，虽然 DFT 计算已被用于预测催化剂的反应中间体和活性中心，并设计高效的催化剂，但理论模型不能反映实际的催化条件，而过渡金属基电催化剂的基本催化机制仍然存在争议，特别是目前碱性介质中的活性描述指标和作用机制非常模糊。深入了解其机理不仅具有科学意义，而且有利于合理指导高性能催化剂的设计。

第四，电子输运是影响催化剂全局活性的另一个关键因素。即使在表面暴露出高活性的位点，一些单一组成的催化剂可能由于本质上的低电导率而表现出有限的整体催化性能。此外，基于常规 NP 的电催化剂往往存在 NP 之间以及催化剂与基底之间的接触电阻问题。由于碳和金属离子之间有很强的结合，可以将颗粒型催化剂与高导电衬底或载体耦合以缓解这一问题。此外，碳基体的引入不仅有利于制备小尺寸的 NP 和抑制 NP 聚集，而且在某些情况下可以通过保护它们免受腐蚀来提高催化剂的稳定性。因此，鼓励将电催化剂集成/嵌入合适的碳载体中，如碳纳米纤维、碳纳米管、碳纳米片、碳泡沫/凝胶、多孔碳材料、石墨烯、碳布及其他稳定和导电材料中，以提高其催化性能。

第五，目前使用的催化剂结构表征只能提供样品测试前后的结构信息，但遗漏了重要信息，如反应过程中表面原子层的微观结构演变和催化剂表面吸收的反应中间体，这对于理解工作机理至关重要。因此，开发更多的原位表征技术来探索电化学反应过程中催化剂的活性中心和结构是非常可取的。此外，还需要对非贵金属催化剂的氢结合及其对 HER 的贡献进行更全面的研究。理想体系中气体反应的热力学在外加电位下可能偏离实际条件，因此，迫切需要开发工况条件下的实时反应机理研究方法。

第六，电解水效率不仅由 HER 电催化剂决定，而且由 OER 电催化剂决定。对于实际的器件和广泛的应用，必须开发一个双电极结构，以保证 HER 和 OER 半反应都能有效催化。然而，在相同的实验条件下，很少有非贵金属基催化剂能有效地催化 HER 和 OER，而且大多数 HER 催化剂在酸性介质中表现得更好，而几乎所有的 OER 催化剂都喜欢碱性条件。因此，开发在碱性介质中高效的 HER 催化剂和在酸性介质中高效的 OER 催化剂对于电解水技术的发展极其关键。

第七，有必要建立标准化的测量方法，以比较不同研究小组的电催化剂的性能，有利于筛选和优化现有体系，也有利于评价新开发的电催化剂的可行性。由于催化剂、催化剂载体、工作电极制备方法、反应条件和 TOF 计算方法的差异，难以准确地比较和判断各种材料的性能。因此，除了提供关于电催化行为的尽可能多的信息，如电解质、催化剂的负载量、过电位、Tafel 斜率、交换电流密度、耐久性、电化学活性表面积和质量归一化的活性、法拉第效率、TOF 等，在未来的研究中，强烈鼓励人们在标准条件下评估它们的电化学行为，以确定和比较任何新的电催化剂的活性。此外，在不使用任何离子交换膜将工作电极与对电极分离的情况下，应避免使用铂基对电极，因为在测试过程中，铂阳极的电化学溶解和再沉积都对实验结果产生极大的干扰。为了排除任何可能的铂污染，强烈建议使用离子交换膜将工作电极与铂对电极分离，或用碳基材料取代铂作为对电极。

第八，除了降低电催化剂的成本外，电解水过程中的电力消耗阻碍了电解水制氢技术的广泛应用。将电解水设备集成到其他可再生电力资源配置中，如太阳能光伏发电系统、风能或潮汐发电机，真正实现绿氢生产。

# 3 高效析氢催化剂的表面结构调控

二维硫化钼（MoS$_2$）是一种很有析氢催化潜力的非贵金属催化剂。通过增加边缘活性位点数量来提高其催化活性的研究很多，然而，设计 MoS$_2$ 特定的边缘结构以提高其动力学性能的研究较少。本章介绍一种具有阶梯状边缘结构的 MoS$_2$ 纳米片阵列[100]。这种 MoS$_2$ 纳米片阵列是一种出色的析氢电催化剂，在 10mA/cm$^2$ 时，其析氢反应过电位仅为 104mV，交换电流密度为 0.2mA/cm$^2$，稳定性高。实验和理论结果表明，垂直 MoS$_2$ 阵列的电催化活性增强与其独特的表面结构有关。这项工作为设计和开发用于电化学能量应用的层状材料开辟了一条新的途径。

## 3.1 概　　述

全球变暖、环境污染和能源安全问题的日益严峻，人们对可再生能源的需求不断增加，氢被认为是未来最清洁的燃料，因为水是其氧化反应的唯一产物。目前的挑战是如何开发高效、耐用、低成本的析氢反应电催化材料。铂基催化剂是迄今为止最优秀的析氢反应催化剂，但铂的高成本和稀缺性极大地阻碍了其广泛应用。因此，开发性能优异、价格价廉的非贵金属催化剂替代铂具有重要意义。近年来，由于过渡金属二硫代物，如 MoS$_2$、MoSe$_2$、WS$_2$、CoS$_2$、CoSe$_2$、NiTe$_2$ 等具有成本低、丰度高等优点，对它们在催化析氢反应的应用开展了大量的研究。其中最有代表性的是 MoS$_2$，它具有层状结构赋予其独特的物理和化学性质。

如图 3-1（a）所示，MoS$_2$ 晶体的结构单元通过共价 S—Mo—S 键将钼层夹在两个硫层之间组成单层 MoS$_2$ 片层，类似"三明治"结构，然后，通过范德华力将 MoS$_2$ 片层重复单元组装，层间距离约为 0.62nm。MoS$_2$ 片层具有两种类型的表面：片层边缘位点和平面位点。密度泛函理论（DFT）计算表明，MoS$_2$ 的片层边缘位点对 HER 是具有催化活性的，因为这些边缘位点拥有一个接近最佳的氢吸附自由能（$\Delta G_H$ 为 0.08eV），而 MoS$_2$ 的平面位点是催化惰性的（$\Delta G_H$ 为 1.9eV）[214]。Jaramillo 等人随后的实验证实，HER 活性确实与 MoS$_2$ 催化剂的边缘位点数量呈线性关系[105]。基于这一认识，人们致力于开发各种形貌的 MoS$_2$

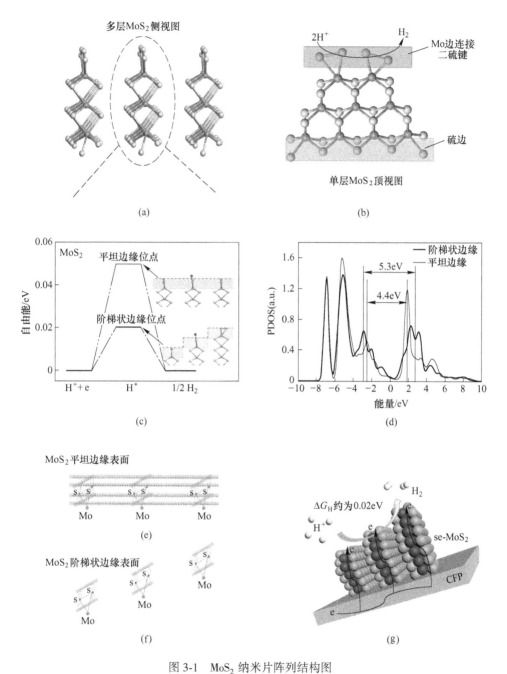

图 3-1　MoS$_2$ 纳米片阵列结构图

（a）MoS$_2$ 多层片层结构示意图；（b）MoS$_2$ 单层片层结构示意图，其中钼边缘平面包含二硫配体；

（c）fe-MoS$_2$ 和 se-MoS$_2$ 氢吸附自由能；（d）钼边缘的硫的 $p$ 轨道态密度（PDOS）；

（e）fe-MoS$_2$ 系统中程有序（MRO）到长程有序（LRO）$p$-$\pi$ 共轭示意图；

（f）se-MoS$_2$ 系统 MRO 到 LRO 的 $p$-$\pi$ 共振示意图；（g）阶梯状边缘 MoS$_2$ 纳米片阵列结构示意图

纳米结构，以最大限度地增大边缘活性位点数量，如 $MoS_2$ 纳米颗粒[215]、纳米线[216]、非晶膜[217]、有序双螺旋膜结构[106] 和具有缺陷结构的纳米片等[218,219]，然而，很少有人关注对 $MoS_2$ 边缘表面结构本身进行裁剪以提高其本征催化析氢活性。

Chang 等人报道了一种三角形结构的 $MoS_2$ 碎片，采用高分辨扫描隧道显微镜证明 $MoS_2$ 三角形碎片中边缘二硫键的存在，并证实由二硫键稳定的钼边缘具有 HER 催化活性[220]。这一认识与前期关于 $MoS_2$ 活性位点的报道一致，$MoS_2$ 片层结构如图 3-1（b）所示[221~223]。采用密度泛函理论（DFT）计算，评估由二硫键稳定钼边缘上的氢吸附自由能（$\Delta G_H$），并对比具有平坦边缘的 $MoS_2$ 位点（fe-$MoS_2$）和阶梯状边缘的 $MoS_2$ 位点（se-$MoS_2$）对氢吸附强弱的影响。为了突出相邻层的影响，模型中 $MoS_2$ 表面吸收 1/4 层氢，且氢吸附在两个二硫配体（$S_2^{2-}$）的一个硫原子上。计算得出 fe-$MoS_2$ 的 $\Delta G_H$ 为 0.05eV（见图 3-1（c）），表明平坦的 $MoS_2$ 边缘位点是有 HER 催化活性的，但稍微增强氢吸附可进一步改善 $MoS_2$ 边缘的 HER 动力学。如图 3-1（d）所示，se-$MoS_2$ 的阶梯状边缘位点具有比 fe-$MoS_2$ 更大的最高占据分子轨道（HOMO）-最低未占分子轨道（LUMO）分裂，有利于质子-电子交换过程中，更多的电荷转移，使 $H^+$ 与 se-$MoS_2$ 系统中的 $S_2^{2-}$ 结合更紧。阶梯状边缘位点中硫的 $p$ 轨道和氢的 $s$ 轨道成键和反键之间的能量间隔增加，通常会导致更强的氢键合。因此，与 fe-$MoS_2$ 相比，se-$MoS_2$ 对氢的吸附更强，se-$MoS_2$ 的阶梯状边缘位点的 $\Delta G_H$ 值（约 0.02eV）降低（见图 3-1（c））。此外，fe-$MoS_2$ 系统中的键合具有不寻常的中程有序（MRO）到长程有序（LRO）$p$-$\pi$ 共轭，与通过层间排列的二硫配体（$S_2^{2-}$）给出的大组分产生共轭，而在 se-$MoS_2$ 体系中，这种 MRO 和 LRO 的 $p$-$\pi$ 共轭减弱，将增强 $p$ 电子在 $S_2^{2-}$ 边缘位置的定位程度，从而增强电子与 $H^+$ 接触发生电荷交换反应，如图 3-1（e）（f）所示。

可见，$MoS_2$ 阶梯状边缘位点的 $\Delta G_H$ 值比平坦边缘位点的 $\Delta G_H$ 值更为理想，可加快 HER 动力学。图 3-1（g）示意性地描绘了一个设计完美的阶梯状边缘 $MoS_2$ 纳米片阵列，其独特的垂直纳米片阵列结构材料表面产生尽可能多的边缘活性位点，且有利于电子的传导，阶梯状边缘结构使活性位点对氢的吸附最优化（$\Delta G_H$ 约为 0.02eV），还可通过调整边缘活性位点来调节材料的 HER 催化性能，这一方法可推广到其他过渡金属二硫化物催化剂。

# 3.2 材料的制备及测试技术

## 3.2.1 材料的制备

采用水热法制备所有 $MoS_2$ 材料。所有化学试剂均为分析纯，无需进一步纯化即可直接使用。在所有实验中均使用超纯去离子水（$18.2M\Omega/cm$）。碳纤维纸（CFP，HCP020P，Hesen）首先在 98% 的 $H_2SO_4$ 中浸泡 1h，去除表面残留的金属。在 se-$MoS_2$ 的合成中，将 671mg 二水钼酸钠（99.5%）溶解在 40mL $N_2$ 饱和的超纯去离子水中。然后将 225mg 硫代乙酰胺（99%）与溶解的钼酸钠二水合物溶液加入烧杯中。在氮气连续流动下搅拌混合物 0.5h 后，将混合溶液转移到100mL 聚四氟乙烯容器中，然后将一块清洁的 CFP（2cm×4cm）浸入混合物中。将聚四氟乙烯容器密封并在微波水热系统（2.45GHz）中保持 2h，同时精确监测并将内部温度变化控制在±5℃ 以内。然后将反应混合物以 20℃/min 的速度冷却至室温。将产物用超纯去离子水洗涤几次，然后超声至少 30min，将表面结合较弱的 $MoS_2$ 除去，最后在 60℃ 的真空烘箱中干燥。为了进行比较，在相同条件下，按照相同方法合成了 r-$MoS_2$ 和 fe-$MoS_2$ 样品。r-$MoS_2$ 的唯一区别是使用常规的水热过程而不是微波水热过程，而 fe-$MoS_2$ 则将反应时间调整为 50min。通过称量合成前后干的 CFP 基底，精确测量了 r-$MoS_2$、fe-$MoS_2$ 和 se-$MoS_2$ 样品中$MoS_2$ 纳米结构的负载量，分别约为 $2.1mg/cm^2$、$3.6mg/cm^2$ 和 $3.2mg/cm^2$。

## 3.2.2 材料结构表征方法

在 Philips PW-1830 型 X 射线衍射仪上用 Cu $K_\alpha$（$K=0.15418nm$）对合成的样品进行了 X 射线粉末衍射（XRD）分析。利用拉曼显微镜 renishaw2000 在 514nm氩离子激光器激发下记录了拉曼光谱。在 Perkin-Elmer 型 PHI-5600XPS 系统上，用 Mo $K_\alpha$ 辐射（1486.6eV）的单色铝阳极 X 射线源进行了 X 射线光电子能谱（XPS）研究。用 JEOL-JSM-6700F 型场发射扫描电子显微镜（FESEM）对合成样品的形貌进行了分析。用 JEOL-2010 在 200kV 的加速电压下拍摄了透射电子显微镜（TEM）、选区电子衍射（SAED）和能量色散 X 射线光谱（EDS）图像。在JEOL-2010F 仪器上，在 200kV 的加速电压下拍摄了高分辨率透射电子显微镜（HRTEM）图像。原子力显微镜（AFM）样品在 Veeco 计量组的 3100 维上用硅针尖测量。通过将稀释的催化剂悬浮液滴到硅片上来制备 AFM 样品。干燥的 fe-$MoS_2$ 和 se-$MoS_2$ 样品的衰减全反射傅里叶变换红外（ATR-FTIR）光谱是使用Vertex70 光谱仪在 600~400cm$^{-1}$ 范围内记录的。通过从 $CO_2$ 和 $H_2O$（气体）中减去背景贡献，在 4cm$^{-1}$ 分辨率下进行 256 次扫描后，获得了光谱。使用紫外可见分光光度计（UV-2600）在波长为 185 ~ 1400nm 的范围内测量紫外可见-近红外（UV-vis-NIR）吸收光谱，对于漫反射模式，以 BaSO$_4$ 为基准。通过气相色谱（GC）分析确定产生的气体，并用校准的压力传感器对 H 型电解槽正负极室的压力变化进行定量测量，在具有热导检测器和氩气载气的 GC-7900 上进行气相色谱（GC）分析。法拉第效率是通过比较实验测量的氢气量和 $It/(nF)$ 理论计算的氢气量来计算的（其中 $I$ 为电流，A；$t$ 为持续时间，s；$n$ 为电子转移数；$F$ 为法拉第常数）。

### 3.2.3　材料性能测试方法

使用 CHI760E 电化学工作站（上海辰华仪器有限公司），使用标准的三电极电化学电池，分别以铂箔和 Ag/AgCl 作为对电极和参比电极，对合成的 MoS$_2$ 样品进行电化学测量。为了进行比较，负载量为 0.05mg/cm$^2$ 的商用质量分数为 40%Pt/C 催化剂（HISPECTM4000）的电化学性能是用 1mg/mL 浆料制备的，并滴在旋转盘上在相同条件下以 1600r/min 的转速测量电极。在相同的测量条件下，还测量了用 3mg/mL 浆料制备并刷涂在 CFP 上的负载为 3mg/cm$^2$ 的商品散装 MoS$_2$ 粉末。使用电化学惰性胶带空出 1cm$^2$ 的电极面积。电化学测量均在室温下进行，电势参考可逆氢电极（RHE）的电势。在所有的电化学测量过程中，将高纯度的 H$_2$ 吹入电解液中以使其饱和并确保可逆的氢电位。根据开路电位-时间曲线记录开路电位。采用循环伏安法（CV）对催化剂进行了多次循环，以去除表面污染物，同时稳定催化剂。通过在 H$_2$ 饱和的 0.5mol/L H$_2$SO$_4$ 水溶液中以 5mV/s 的扫描速率对从 -0.9V 至 -0.2V 相对于 Ag/AgCl 的电势扫描期间测得的电流求平均，获得极化曲线。除非另有说明，否则所有极化曲线均经过 iR 校正。在 0.1 ~ 0.2V 相对于 RHE 的电势区域中，通过各种扫描速率下的 CV 曲线估算双层电容（$C_{dl}$）。电化学阻抗谱（EIS）是在特定的过电位下进行的，频率范围为 100kHz 至 5mHz，正弦电压的振幅为 10mV。为了避免长期电化学测试期间由于铂腐蚀而导致铂沉积在工作电极上从而对测试结果产生影响，在特殊电解池中进行稳定性测量，在该电解池中，使用隔膜将工作电极与铂对电极分开。

### 3.2.4　密度泛函理论计算参数设置

密度泛函理论(DFT+U)采用 CASTEP 模块进行计算[224]。密度泛函选择广义梯度近似，并以 Perdew-Burke-Ernzerhof（PEB）泛函描述电子之间的交换能，选取的平面波截断能为 750eV。

## 3.3 催化剂结构及性能

### 3.3.1 阶梯状边缘 $MoS_2$ 的设计与制备

采用微波水热法制备阶梯状边缘 $MoS_2$ 纳米片阵列（se-$MoS_2$）催化剂。与传统水热法相比，微波水热法涉及微波与分子、原子和离子的直接相互作用，可使加热过程更加均匀和快速[225]。这可能有助于产生如上述阶梯状边缘结构的 $MoS_2$ 纳米片阵列。如图 3-2 和图 3-3 所示，微波水热合成的 fe-$MoS_2$ 和 se-$MoS_2$ 在碳纤维

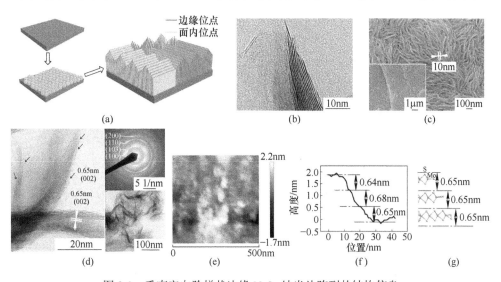

图 3-2 垂直定向阶梯状边缘 $MoS_2$ 纳米片阵列的结构信息

（a）垂直定向阶梯状边缘 $MoS_2$ 纳米片阵列（se-$MoS_2$）的合成策略和结构示意图；

（b）se-$MoS_2$ 层的 HRTEM 图像；（c）se-$MoS_2$ 的高倍和低倍（插图）放大 FESEM 图像；

（d）高倍率和低倍率 TEM 图像及 se-$MoS_2$ 的相应选择区域电子衍射（SAED）；

（e）AFM 拓扑高度图像；（f）分散的 se-$MoS_2$ 的相应高度分布；（g）阶梯状边缘 MoS 结构示意图

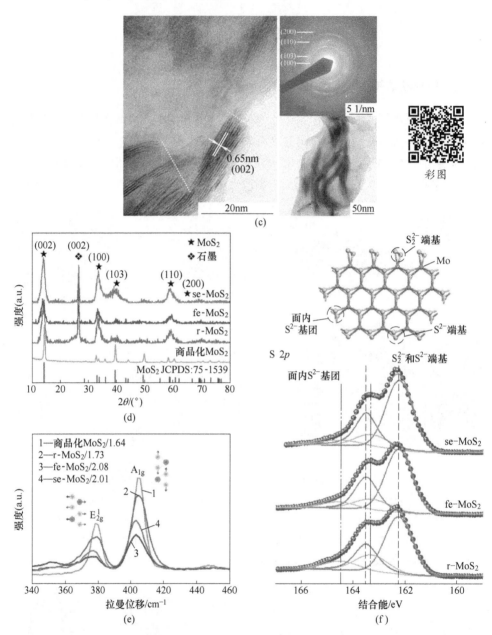

图 3-3 垂直定向平坦边缘 MoS₂ 纳米片阵列的结构信息

（a）垂直定向平坦边缘 MoS₂ 纳米片阵列（fe-MoS₂）的合成策略和结构示意图；（b）fe-MoS₂ 的高倍和低倍（插图）放大 FESEM 图像；（c）高倍率和低倍率 TEM 图像及 fe-MoS₂ 的相应选择区域电子衍射（SAED）；（d）r-MoS₂、fe-MoS₂、se-MoS₂ 样品，商品化 MoS₂ 的 XRD 图谱和 MoS₂ 的标准图谱（JCPDS75-1539）；（e）r-MoS₂、fe-MoS₂ 和 se-MoS₂ 样品及商品化 MoS₂ 的拉曼光谱；（f）r-MoS₂、fe-MoS₂ 和 se-MoS₂ 样品的 S 2p XPS 光谱和拟合峰，S 2p 区域的分解可装配两个区域双峰（2p₃/₂ 和 2p₁/₂）：一个双峰（蓝色，扫二维码查看彩图），在大约 162.3eV±0.2eV 和 163.5eV±0.2eV 处，这反映了端子 S₂²⁻ 或 S²⁻ 配体，以及在 163.1eV±0.2eV 和 164.3eV±0.2eV 处的双峰（橙色），反映了顶端 S²⁻ 配体；顶部所示的分子结构是 MoS₂ 晶体的示意性结构纸（CFP）衬底上呈现出有序的、垂直排列的片状结构，其形貌与常规水热生长随机排列的 $MoS_2$（$r$-$MoS_2$）有很大不同，这与 $MoS_2$ 生长机制有关。$MoS_2$ 的生长主要包括两个步骤：（1）亚氧化物（$MoO_{3-x}$）在基底上的形成和成核；（2）亚氧化物的硫化及 $MoS_2$ 纳米结构的生成[226]。与随机排列的花状形貌的 $r$-$MoS_2$ 相比，微波水热生长的 $fe$-$MoS_2$ 和 $se$-$MoS_2$ 在 CFP 表面呈现出完全均匀的 $MoS_2$ 纳米片覆盖，表明在 CFP 表面形成了大量且分布均匀的活性晶粒。通过相同的微波水热工艺在钛片和碳布基底上生长的 $MoS_2$ 材料也显示了具有有序和垂直排列的片状结构，且 $MoS_2$ 纳米片均匀覆盖在基底表面。这就为高度均匀和完全覆盖的 $MoS_2$ 纳米片阵列提供了有效的合成方法。

TEM 图像证实了所有 $r$-$MoS_2$、$fe$-$MoS_2$ 和 $se$-$MoS_2$ 样品的层状结构。且钼和硫元素在 $MoS_2$ 片中的分布很均匀。图 3-2（d）和图 3-3（c）为选择区域电子衍射（SAED）图，该图阐明了所有合成的 $MoS_2$ 催化剂具有相同的多晶结构，显示出 $MoS_2$ 晶体的（100）（103）（110）和（200）强衍射峰。$fe$-$MoS_2$ 和 $se$-$MoS_2$ 样品的 TEM 图像清楚地显示了 S—Mo—S 层，层间距为 0.65nm，对应于 $MoS_2$ 晶体的（002）晶面。然而，除了花状形貌外，还从 $r$-$MoS_2$ 样品的 TEM 图像中观察到圆形纳米管和片状形貌。由于 $MoS_2$ 边缘位点的表面能比平台位点的表面能大将近两个数量级，因此垂直结构的 $MoS_2$ 和基底之间的界面能远小于水平结构 $MoS_2$ 和基底之间的界面能。最终，$MoS_2$ 结构的表面能和界面能之间的竞争决定了 $MoS_2$ 择优生长方向[227]。在 $MoS_2$ 生长的硫化阶段，晶粒层的连续性和硫化条件严重影响 $MoS_2$ 层的取向。因为二维生长所引起的应变能可以通过垂直方向上释放出来，当晶粒层连续且较厚时，垂直方向的硫化在能量上优于水平方向的硫化[228]。因此，在微波水热合成中生成完全覆盖且分布均匀的晶粒层有利于垂直纳米片阵列的生长。此外，微波水热技术可以提供快速加热，加速反应动力学，从而提高硫化速率。在快速硫化过程中，化学转化比硫扩散快得多，从而使硫扩散成为速率限制过程。因此，在微波水热合成的 $fe$-$MoS_2$ 和 $se$-$MoS_2$ 样品中，由于通过范德华间隙沿层扩散的速度比跨层扩散快得多，通过微波水热合成的 $fe$-$MoS_2$ 和 $se$-$MoS_2$ 样品中生成了垂直于衬底的 $MoS_2$ 层。结果与先前报道的通过快速硫化或硒化生长 $MoS_2$ 和 $MoSe_2$ 的报道一致，其中 $MoS_2$ 和 $MoSe_2$ 的结构在某些情况下也采用垂直取向[107]。微波水热蚀刻被证明是获得 $SrTiO_3$ 和 Nb：$SrTiO_3$ 材料阶梯状边缘结构的有效方法，它像一把剪刀可以剪裁 $MoS_2$ 边缘结构[229,230]。值得注意的是，对于 $se$-$MoS_2$ 样品，沿边缘的晶体条纹是阶梯状的，而 $fe$-$MoS_2$ 样品的边缘是平坦的。由于 $se$-$MoS_2$ 纳米片阵列中 S—Mo—S 层的长度不均匀，在延长反应时间的过程中形成了阶梯状的 $MoS_2$ 层边缘表面，表明 $MoS_2$ 生长过程中存在轻微的刻蚀效应。为了研究从 $MoS_2$ 阵列的平坦边缘表面到阶梯状边缘表面的结构演化过程，收集了反应时间分别为 40min、50min、90min 和

120min 的产物，如图 3-4 所示。当反应时间为 40min 时，$MoS_2$ 纳米片开始在 CFP 衬底上生长，仍然可以看到未硫化的氧化钼晶面层。当反应时间延长至 50min 时，硫化步骤完成，垂直排列的 $MoS_2$ 层显示出平坦的边缘表面。当将反应时间延长到 90min 时，可以看到边缘略微蚀刻的 $MoS_2$ 层。将反应时间进一步延长至 120min 后，将进一步蚀刻 $MoS_2$ 层，并获得轮廓分明的阶梯状边缘表面。fe-$MoS_2$ 的 AFM 高度剖面显示 $MoS_2$ 边缘处的平滑降低。然而，se-$MoS_2$ 的高度剖面图（见图 3-2（e）～（g））在边缘处显示出几个平台，每两个平台之间的距离约为 0.65nm，与一层 $MoS_2$ 的厚度非常一致，证实了 se-$MoS_2$ 的阶梯状边缘结构。r-$MoS_2$、fe-$MoS_2$ 和 se-$MoS_2$ 催化剂（见图 3-3（d））的所有 X 射线衍射（XRD）峰都可以标为 2H-$MoS_2$（JCPDS：75-1539），表明所有 $MoS_2$ 样品都具有 2H-$MoS_2$ 晶体结构。值得注意的是，r-$MoS_2$、fe-$MoS_2$ 和 se-$MoS_2$ 样品的 $MoS_2$（002）峰位置相对于商品化 $MoS_2$ 样品移到了较低的角度，表明 $MoS_2$（002）具有晶格扩展（0.65nm）的 $MoS_2$ 晶体结构，这与 TEM 分析一致[231,232]。如图 3-3（e）所示，所有 $MoS_2$ 样品的拉曼光谱在约 403cm$^{-1}$ 处均显示出两个不同的峰，称为面外 Mo—S 声子模（$A_{1g}$）；在约 379cm$^{-1}$ 处对应于 $MoS_2$ 层结构的面内 Mo—S 声子模（$E_{2g}^1$）[107]。fe-$MoS_2$ 和 se-$MoS_2$ 的 $A_{1g}$ 模具有相对较高的强度证明 $MoS_2$ 纳米片垂直排列，这与 SEM 和 TEM 观察结果一致。

　　fe-$MoS_2$ 和 se-$MoS_2$ 的红外光谱显示，由于 v（S—S）振动，在 508cm$^{-1}$ 和 543cm$^{-1}$ 处出现边缘端接二硫配体的强特征峰[233]。对于所有已合成的 $MoS_2$ 催化剂，XPS S 2$p$ 光谱可拟合出两个不同的双峰（$2p_{3/2}$ 和 $2p_{1/2}$）（见图 3-3（f））：一个双峰在 162.3eV±0.2eV 和 163.5eV±0.2eV 处反映了末端的 $S_2^{2-}$ 或 $S^{2-}$ 配体，而另一个在大约 163.1eV±0.2eV 和 164.3eV±0.2eV 处反映了 $MoS_2$ 面内 $S^{2-}$ 结构[234,235]。通过积分 S $2p_{3/2}$ 峰的面积，估计 se-$MoS_2$ 和 fe-$MoS_2$ 样品的低结合能双峰（末端 $S_2^{2-}$ 或 $S^{2-}$ 配体）与高结合能双峰（面内 $S^{2-}$ 配体）的比值分别为 4.61 和 4.08，这比 r-$MoS_2$ 样品的比值（2.65）高出许多，证实了在 fe-$MoS_2$ 和 se-$MoS_2$ 表面上存在更多的边缘末端结构。此外，合成的 se-$MoS_2$ 的 UV-Vis-NIR 光谱与理论上依赖时间的密度泛函理论（TDDFT）计算的二硫配体端接 $MoS_2$ 边缘的激发光谱一致。在 330nm 和 530nm 处的宽峰与 fe-$MoS_2$ 和 se-$MoS_2$ 的实验光谱符合得很好。因此，通过形貌、原子力显微镜和化学结构分析，证实了成功设计并合成了阶梯状（se-$MoS_2$）和平坦（fe-$MoS_2$）边缘结构的 $MoS_2$ 纳米片阵列。图 3-2（a）是从形态和化学结构分析得出的 se-$MoS_2$ 催化剂的结构示意图，如图所示的阶梯状边缘结构可以调整 $MoS_2$ 活性位点电子结构以优化对氢的吸附，垂直排列的 S—Mo—S 层确保电子在 S—Mo—S 片层内从碳纤维纸基板快速传输到 $MoS_2$ 边缘表面，有助于改善 HER 动力学。

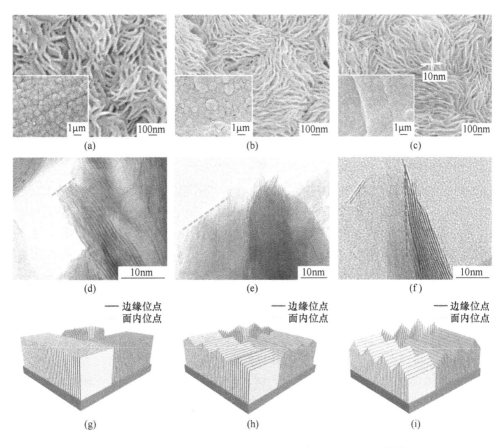

图 3-4 垂直定向阶梯状边缘 MoS$_2$ 纳米片阵列的生长过程结构图

（a）（d）（g）分别为反应 50min 垂直定向平坦边缘 MoS$_2$ 纳米片阵列（fe-MoS$_2$）的 SEM、TEM 和结构示意图；

（b）（e）（h）分别为反应 90min 垂直定向阶梯状边缘 MoS$_2$ 纳米片阵列的 SEM、TEM 和结构示意图；

（c）（f）（i）分别为反应 120min 垂直定向阶梯状边缘 MoS$_2$ 纳米片阵列（se-MoS$_2$）的 SEM、TEM 和结构示意图

### 3.3.2 催化剂电化学性能分析

如图 3-5（a）所示，fe-MoS$_2$ 在 10mA/cm$^2$ 时的过电位为 142mV。当电流密度为 10mA/cm$^2$ 时，se-MoS$_2$ 的过电位低至 104mV，可见阶梯状边缘结构进一步提高了 MoS$_2$ 纳米片阵列的 HER 催化活性。如图 3-5（b）所示，使用外推法从 Tafel 图获得的 r-MoS$_2$、fe-MoS$_2$ 和 se-MoS$_2$ 催化剂的 HER 交换电流密度 $j_0$ 分别为 0.04mA/cm$^2$、0.13mA/cm$^2$ 和 0.20mA/cm$^2$。r-MoS$_2$、fe-MoS$_2$、se-MoS$_2$ 和商品化 Pt/C 催化剂的 Tafel 斜率分别为 121mV/dec、69mV/dec、59mV/dec 和 34mV/dec。商品化 Pt/C 催化剂的 Tafel 斜率（34mV/dec）与文献报道的值吻合得很

好[236]。r-MoS$_2$ 催化剂的 Tafel 斜率为 121mV/dec，接近理论值 118mV/dec（$4.6RT/F$），表明 Volmer 步骤是 r-MoS$_2$ 催化剂的速率决定步骤。另外，fe-MoS$_2$ 和 se-MoS$_2$ 催化剂的 Tafel 斜率介于 39mV/dec（$4.6RT/(3F)$）和 118mV/dec 之间，表明电荷转移步骤（Heyrovsky 或 Volmer 步骤）是 fe-MoS$_2$ 和 se-MoS$_2$ 催化剂 HER 的速率决定步骤[237]。se-MoS$_2$ 催化剂的 Tafel 斜率较小（59mV/dec），表明 se-MoS$_2$ 的 HER 反应动力学比 fe-MoS$_2$ 快，通过电化学阻抗谱法（EIS）也可得到证实。Nyquist 图（见图 3-5（c））可在低频区域下观察到一个半圆，这主要是由氢和 HER 中的中间体的表面交换过程决定的[238]。Nyquist 图中没有 Warburg 阻抗表示反应过程中质量传输足够快，属于动力学控制反应[239]。因此，使用图 3-5（c）所示的等效电路对催化系统进行建模，其中 $R_s$ 归因于未补偿串联电阻，CPE 表示 HER 条件下的双层电容，$R_{ct}$ 表示 HER 中的电荷转移电阻。电荷转移的 Tafel 斜率（见图 3-5（c））从 lg$R_{ct}$ 对过电位的线性拟合得出，se-MoS$_2$ 催化剂的电荷转移 Tafel 斜率为 56mV/dec。该值非常接近从极化曲线获得的 Tafel 斜率（59mV/dec），表明电荷转移步骤为 HER 的速率决定步骤，而且反映了在 HER 中 se-MoS$_2$ 催化剂的快速电子转移特性。在 200mV 过电位下的 Nyquist 图显示，se-MoS$_2$ 催化剂的电荷转移阻力（$R_{ct}$）最小，仅为 2.7Ω，这表明在该材料表面 HER 法拉第过程超快进行，因此材料具有出色的 HER 动力学。气相色谱实验证实实际产氢率与理论值非常吻合，表明使用 se-MoS$_2$ 催化剂可获得接近 100% 的法拉第效率。通过测试电化学双层电容（$C_{dl}$）发现，垂直定向 MoS$_2$ 纳米片阵列具有高的电化学表面积（ECSA），说明材料表面具有丰富的活性位点[240]。虽然双层电容涉及 MoS$_2$ 的整个表面，而只有部分表面位置具有 HER 活性，例如 MoS$_2$ 边缘位置是活跃的，但 $C_{dl}$ 方法仍然是评估过渡金属化合物 ECSA 的一种选择方法[240~242]。为了便于与文献结果进行比较，仍使用双层电容来估算 MoS$_2$ 催化剂的电化学表面积。将扫描电势范围中心的正负电流密度差的一半（$\Delta j_{0.15V/2}$）与扫描速率作图，如图 3-5（d）所示。结果表明，fe-MoS$_2$（92.8mF/cm$^2$）和 se-MoS$_2$（113.3mF/cm$^2$）的 $C_{dl}$ 值是 r-MoS$_2$ 催化剂（47.7mF/cm$^2$）的两倍左右，表明垂直排列的 MoS$_2$ 纳米片阵列具有更高的电化学活性表面积。对于 r-MoS$_2$、fe-MoS$_2$ 和 se-MoS$_2$ 催化剂，交换电流密度 $j_0$ 经 ECSA 归一化后分别为 $3.4×10^{-5}$ mA/cm$^2$、$5.6×10^{-5}$ mA/cm$^2$ 和 $7.1×10^{-5}$ mA/cm$^2$，进一步证实了 se-MoS$_2$ 催化剂中阶梯状边缘活性位点的本征活性得到了提高。周转频率（TOF）是每个活性位点每秒释放的 H$_2$ 分子数量，是评估 HER 电催化剂固有活性的关键指标。铂纳米粒子的最佳 TOF 值在 36mV 时达到每秒 100 个 H$_2$ 分子[163]。为了进一步估计垂直排列的 MoS$_2$ 片阵列的固有 HER 动力学，使用文献中报道的方法研究了 MoS$_2$ 催化剂的 TOF[105,106]。在 200mV 的过电位下，r-MoS$_2$、fe-MoS$_2$ 和

se-MoS$_2$ 催化剂的 TOF 值分别为 0.096s$^{-1}$、0.66s$^{-1}$ 和 1.51s$^{-1}$，表明 se-MoS$_2$ 催化剂的本征 HER 活性增强。作为比较，高活性 Li-MoS$_2$ 的 TOF 值为 0.1s$^{-1}$，磷钼硫化物（MoS$_{0.94}$P$_{0.53}$）的 TOF 值为 1.4s$^{-1}$，表明 se-MoS$_2$ 的 TOF 值是非贵金属催化剂中的最高值之一。与最近报道的高活性 MoS$_2$ 基催化剂进行比较，包括非晶态硫化钼[217]、MoS$_2$/N 掺杂碳纳米管[243]、Li-MoS$_2$/碳纤维[242]、富含缺陷的 MoS$_2$[219]、双陀螺 MoS$_2$[106]、Co/Ni-MoS$_3$ 中空结构[244]、应变空位 MoS$_2$[236]、端接 MoS$_2$ 薄膜[107]等。se-MoS$_2$ 催化剂在酸性电解质溶液中的 HER 性能明显优于或至少可与目前性能最佳的 HER 电催化剂相媲美。

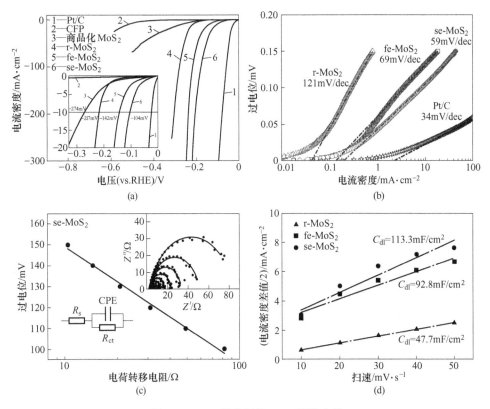

图 3-5　MoS$_2$ 催化剂的 HER 活性分析

（a）商品化 MoS$_2$、r-MoS$_2$、fe-MoS$_2$、se-MoS$_2$ 及商品化 Pt/C 催化剂在 0.5mol/L H$_2$SO$_4$ 溶液中，扫描速率为 5mV/s 时的极化曲线；（b）r-MoS$_2$、fe-MoS$_2$、se-MoS$_2$ 及商品化 Pt/C 催化剂的 Tafel 曲线；

（c）se-MoS$_2$ 催化剂的 Nyquist 图及 se-MoS$_2$ 的电荷转移 Tafel 图；（d）r-MoS$_2$、fe-MoS$_2$ 和 se-MoS$_2$ 催化剂正扫负扫电流差值随扫描速率的变化，$C_{dl}$ 等于拟合直线的斜率

　　如图 3-6 所示，在超过 24h 的持续反应时间内，se-MoS$_2$ 催化剂在 10mA/cm$^2$ 电流密度时所需的过电位从 104mV 降至 95mV，而计时电位测量 18h 后，商品化

Pt/C 催化剂在 10mA/cm$^2$ 电流密度时所需的过电位增加了 15mV 以上。电化学测试后，se-MoS$_2$ 的 XRD 图谱和拉曼光谱与初始 se-MoS$_2$ 的 XRD 图谱和拉曼光谱基本相同，表明 HER 催化期间 se-MoS$_2$ 没有明显的结构变化。根据 XPS 分析，如图 3-7 所示，电化学测试前后 se-MoS$_2$ 催化剂的 Mo/S 比分别为 1∶1.92 和 1∶1.88。se-MoS$_2$ 催化剂的钼 3$d$ 区域的 XPS 光谱显示在分别指定为 Mo$^{4+}$ 3$d_{5/2}$ 和 Mo$^{4+}$ 3$d_{3/2}$ 的 229eV 和 232.1eV 处有很强的双峰。在 232.7eV 和 235.8eV 处出现 Mo$^{6+}$ 双峰，表明 se-MoS$_2$ 表面存在少量 MoO$_3$。电化学测试后，这些双峰强度降低，在 230.2eV 和 233.5eV 处出现新的双峰，归因于 MoO$_3$ 还原产生的 MoO$_{3-x}$[245]。关于 S 2$p$ 信号，在电化学测试超过 24h 后，se-MoS$_2$ 催化剂的硫组分没有差异。通过对 se-MoS$_2$ 催化剂的性能和形貌的比较，进一步证明了 se-MoS$_2$ 催化剂的稳定性。值得注意的是，在 10mA/cm$^2$ 下反应超过 24h 后，se-MoS$_2$ 催化剂的形态和 ECSA 没有明显变化，即使在 20mA/cm$^2$ 下进行了 24h 计时电位测量后，也未观察到 HER 活性下降。可见，阶梯状边缘 MoS$_2$ 纳米片阵列（se-MoS$_2$）催化剂具有优异的电催化活性和良好的长期稳定性，有望指导电解水系统中经济高效的析氢催化剂的制备。

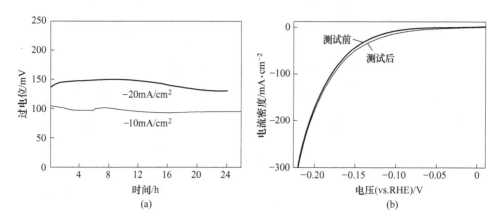

图 3-6　MoS$_2$ 催化剂的 HER 稳定性分析

（a）se-MoS$_2$ 在 −10mA/cm$^2$ 和 −20mA/cm$^2$ 的电流密度下记录的计时电位响应（$\eta$-$t$）；

（b）se-MoS$_2$ 在 10mA/cm$^2$ 计时电位测试 24h 前和后的极化曲线

### 3.3.3　催化机理探讨

对于电催化反应而言，催化剂的活性依赖于催化剂表面与关键反应中间体之间相互作用的能量[246]。众所周知，对于高活性的 HER 催化剂，氢吸附自由能 $\Delta G_H$ 应接近热中性，以降低吸附和解吸步骤的反应能垒[12]。DFT 计算与实验结

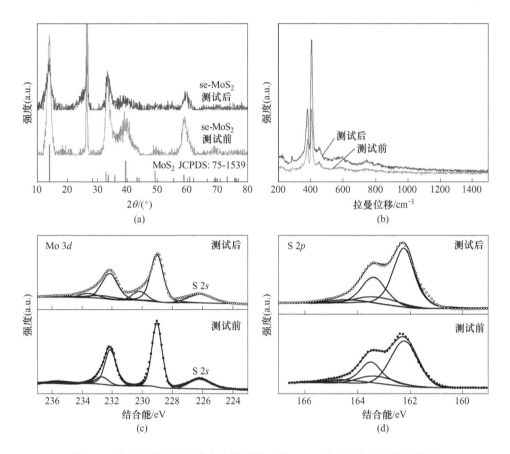

图 3-7 稳定性测试后垂直定向阶梯状边缘 MoS₂ 纳米片阵列的结构信息

（a）（b）分别为 se-MoS₂ 在 10mA/cm² 计时电位测试 24h 前后的 XRD 和拉曼光谱图对比；

（c）（d）分别为 se-MoS₂ 在 10mA/cm² 计时电位测试 24h 前后的 XPS Mo 3d 和 S 2p 谱对比

果一致，表明 $MoS_2$ 在硫边缘和硫稳定钼边缘的最佳 $\Delta G_H$ 分别为 0.15eV 和 0.08eV，因此边缘位点是 HER 的活性位点，而 $MoS_2$ 片层的平面位点是催化惰性的[214,236,247]。正如形态学和化学结构分析所证实的那样，平坦边缘和阶梯状边缘的 $MoS_2$ 纳米片阵列（fe-MoS₂ 和 se-MoS₂）具有较多的活性边缘位点暴露在材料表面，这是其动力学增强的原因之一。进一步对比了垂直定向 $MoS_2$ 纳米片阵列的阶梯状边缘表面和平坦表面的催化效果，证实具有阶梯状边缘的 $MoS_2$ 纳米片阵列具有更高的 HER 催化活性。除了较优的氢吸附自由能外，Hubbard 投影计算表明，在 se-MoS₂ 体系中，钼位在析氢反应中的催化活性低于硫位，同时 HOMO 态的轨道主要位于钼边缘的硫位，包括二硫配体 $S_2^{2-}$，而大多数 LUMO 态则位于 se-MoS$_2$ 体系的钼位，这与 Bollinger 等人的 STM 实验和 DFT 计算的联合研究相一致[248]。PDOS 计算表明 se-MoS$_2$ 比 fe-MoS$_2$ 系统具有更强的结合能，因此 $\Delta G_H$ 值更低。此外，还发现，当氢原子与 S$_2^{2-}$ 的一个硫原子接触并转变为弛豫态时，二硫配体（S$_2^{2-}$）在吸氢后具有非常灵活的 S—S 键二面角旋转（或扭转）行为。从图 3-8 可以看出，二硫配体在阶梯状边缘 se-MoS$_2$ 系统中呈现出双重旋转，而在平坦边缘 fe-MoS$_2$ 系统中仅呈现出局部单一旋转。这表明与 fe-MoS$_2$ 系统相比，se-MoS$_2$ 系统具有更多的局部结构弛豫以释放能量从而达到更稳定的氢结合状态，因此 se-MoS$_2$ 催化剂具有更高的 HER 催化反应动力学。将阶梯状边缘 MoS$_2$ 纳米片阵列（se-MoS$_2$）和平坦边缘 MoS$_2$ 纳米片阵列（fe-MoS$_2$）的 $\Delta G_H$ 和交换电流密度列入火山图中进行对比，如图 2-3 所示[249]，具有阶梯状边缘 MoS$_2$ 纳米片阵列（se-MoS$_2$）和平坦边缘 MoS$_2$ 纳米片阵列（fe-MoS$_2$）交换电流密度值与火山图中预期的交换电流密度值接近，表明理论计算与实验结果具有良好的相关性。

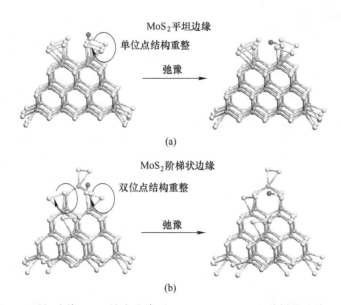

图 3-8　平坦边缘 MoS$_2$ 纳米片阵列（fe-MoS$_2$）（a）和阶梯状边缘 MoS$_2$
纳米片阵列（se-MoS$_2$）（b）吸氢后的局部结构弛豫示意图

本章介绍了一种采用微波水热法合成出的具有阶梯状边缘 MoS$_2$ 纳米片阵列（se-MoS$_2$）。se-MoS$_2$ 的阶梯状边缘表面作为一种新型的高活性 HER 催化位点，可加速 HER 反应动力学。考虑到阶梯状边缘 MoS$_2$ 纳米片阵列催化析氢反应时所需的过电位低（电流密度为 10mA/cm$^2$ 时过电位为 104mV）、性能优于大多数已

报道的 $MoS_2$ 基催化剂、交换电流密度高（$0.2mA/cm^2$）、稳定性好等优点，该材料有望取代贵金属铂广泛应用于电解水制氢工业。同时，阶梯化边缘策略被证明有利于裁剪催化剂表面结构，产生更多的活性位点，同时增加活性位点的本征活性，有望推广到其他层状催化剂材料结构构筑中，制备出更多高效的非贵金属 HER 催化剂。

# 4 异质结构有效协同碱性介质中的析氢反应

电催化的核心是由地球上的丰富元素组成的高效、稳定的电催化剂，这是实现低成本、高性能能量转换装置的迫切需要。$MoS_2$ 是一种高活性、高耐久性的析氢催化剂。然而，如此高的析氢反应（HER）性能却仅限于酸性介质中，当在碱性介质中时，其动力学变得相当迟缓。因为碱性环境下，在析氢反应过程中，氢必须从水中释放，而不是从酸性介质中的水合氢离子中释放，所以除了氢（$H_{ad}$）吸附自由能之外，还应该有第二种方法来衡量碱性介质中的 HER 催化活性，即催化剂对羟基的结合。本章介绍的研究工作，通过将垂直的 $MoS_2$ 片与另一种地球元素含量丰富的层状双氢氧化物（LDH）材料复合，首次成功设计和制造出一种协同杂化催化剂体系，该体系由 $MoS_2$ 作为 H 受体和层状双氢氧化物作为 OH 受体组成，可显著促进碱性介质中的 HER 过程。所制备的 $MoS_2$/NiCo-LDH 复合物表现出了极强的析氢反应催化活性，在 $10mA/cm^2$ 条件下，HER 过电位较低，仅为 78mV；在 1mol/L KOH 溶液中，Tafel 斜率较低，为 76.6mV/dec。在电流密度为 $20mA/cm^2$ 甚至更高电流密度的条件下，$MoS_2$/NiCo-LDH 复合材料可稳定工作 48h 且不发生降解[9]。这项工作不仅带来了一种高性价比和高性能的电催化剂，而且为设计和开发在高性能电催化剂提供了新的思路。

## 4.1 概　　述

质量能量密度最高且碳含量为零的氢（$H_2$）被广泛认为是一种最有前途的能量载体，在未来可以以清洁，可持续的方式满足我们的需求。利用水分解（$2H_2O \rightarrow O_2 + 2H_2$）生成 $H_2$ 是非常理想的方式，因为分子转化可以实现大量的能量储存（4.92eV），且不排放温室气体和其他污染物。析氢反应（HER）是水分解的阴极半反应，为实现"氢经济"提供氢气。然而，令人失望的是，在酸性介质中表现出较优 HER 催化活性的催化剂，如基准催化剂铂（Pt）在碱性介质中，HER 动力学缓慢，至少比酸性介质中慢两个数量级。这种在碱性电解质中缓慢的析氢反应动力学，阻碍了基于碱性电解液中更具商业可行性的水分解技术的开发，这些技术有可能使用非贵金属电催化剂进行 HER 和析氧反应（OER，水分解的阳极半反应），因此开发在碱性介质中具有 HER 催化活性和稳定性的元素含量丰富的电催化剂显得尤为迫切。

钼在地球上资源丰富，二硫化钼（$MoS_2$）具有一定的 HER 催化活性和稳定性，成为有前途的非贵金属 HER 催化剂。电化学研究结合密度函数理论（DFT）计算表明，$MoS_2$ 在酸性溶液中表现出出色的 HER 活性，是因为它的边缘位点具有最佳的氢吸附自由能（$\Delta G_H$ 为 0.08eV）。但是，在碱性溶液中，$MoS_2$ 的 HER 动力学变慢，导致电流密度在 10mA/cm² 时，过电势增加超过 100mV。Markovic 等人提出，除了氢（$H_{ad}$）吸附能之外，还应该有另外的指标来衡量碱性环境中催化剂的 HER 催化活性，即催化剂表面结合羟基的难易程度，因为碱性电介质中的 $H_{ad}$ 必须从水中获得，而不是从酸性介质的水合氢离子中获得。尽管 $MoS_2$ 是反应中间体 $H_{ad}$ 吸附和重组的良好催化剂，但由于对羟基的吸附不当，导致 HER 过程中的水离解步骤动力学缓慢。值得注意的是层状双氢氧化物（LDH），尤其是钴、铁、镍基 LDH 材料，能够有效地吸附羟基并催化水离解，被认为是碱性介质中析氧的新兴高效电催化剂家族[250~252]。基于上述考虑，本书作者提出将对 $H_{ad}$ 具有较优吸附自由能的 $MoS_2$ 催化剂与对羟基具有较好结合和解离能力的 LDH 材料复合，可以协同促进碱性介质中的 HER 动力学。

本章展示了这种协同复合化催化剂体系，该体系由层状 $MoS_2$ 作为氢受体和 LDHs 作为羟基受体组成，可显著促进碱性环境中的 HER 过程。所制备的 $MoS_2$/NiCo-LDH 复合材料作为 HER 的电催化剂，在电流密度为 10mA/cm² 时，过电位低至 78mV；优于先前报道的碱性电解质中 $MoS_2$ 基电催化剂。

# 4.2 材料的制备及测试技术

## 4.2.1 材料的制备

材料的制备主要有以下几方面：

（1）阶梯状边缘 $MoS_2$ 纳米片阵列。阶梯状边缘 $MoS_2$ 纳米片阵列的合成请参见 3.2.1 节所述。

（2）二硫化钼/镍钴-层状双氢氧化物（$MoS_2$/NiCo-LDH）。二硫化钼/镍钴-层状双氢氧化物（$MoS_2$/NiCo-LDH）的合成：将 0.56mL 0.5mol/L 二氯化镍和 0.14mL 0.5mol/L 二氯化钴水溶液加入 40mL $N_2$ 饱和超纯水中。然后将 0.5mL 1mol/L 尿素和 0.2mL 0.1mol/L 柠檬酸三钠水溶液加入装有混合溶液的烧杯中。在连续 $N_2$ 流下搅拌混合物 0.5h 后，将混合溶液转移到 100mL 特氟隆容器中，然后将一张长有二硫化钼纳米片阵列的碳纤维纸浸入混合物溶液中。将特氟隆容器密封并在室温下保持 2h，然后在 150℃下微波水热处理 45min。样品取出后用超纯去离子水洗涤产物数次，自然干燥。用相同的方法制备 NiCo-LDH，所不同的是所用碳纤维纸上没有二硫化钼。

（3）二硫化钼/镍铁-层状双氢氧化物（MoS₂/NiFe-LDH）。二硫化钼/镍铁-层状双氢氧化物（MoS₂/NiFe-LDH）的合成：将 15mL N，N-二甲基甲酰胺（DMF）与 15mL N₂ 饱和超纯水混合。之后，加入 0.56mL 0.5mol/L 硝酸镍和 0.14mL 0.5mol/L 硝酸铁水溶液。在连续 N₂ 流动下，85℃搅拌混合物 4h 后，将混合溶液转移到 50mL 特氟隆容器中，然后将一张长有二硫化钼纳米片阵列的碳纤维纸浸入混合物中。将特氟隆容器密封并在室温下保持 2h；之后，将温度升高至 120℃进行 1h 微波-溶剂热反应，随后在 160℃下进行另一次微波-溶剂热处理 30min。取出的样品用超纯去离子水洗涤产物数次，自然干燥。

（4）二硫化钼/钴铁-层状双氢氧化物（MoS₂/CoFe-LDH）。二硫化钼/钴铁-层状双氢氧化物（MoS₂/CoFe-LDH）的合成：在典型的合成中，将 0.56mL 0.5mol/L 氯化钴和 0.14mL 0.5mol/L 三氯化铁水溶液加入到 40mL N₂ 饱和水中。然后将 0.5mL 1mol/L 尿素和 0.2mL 0.1mol/L 柠檬酸三钠水溶液加入到装有混合溶液的烧杯中。在连续 N₂ 流下搅拌混合物 0.5h 后，将混合溶液转移到 100mL 特氟隆容器中，然后将一张长有二硫化钼纳米片阵列的碳纤维纸浸入混合物中。将聚四氟乙烯容器密封并在室温下保持 2h，然后在 150℃下进行 12h 的水热处理。取出的样品用超纯去离子水洗涤产物数次，自然干燥。

样品上 MoS₂ 的负载量约为 3mg/cm²，并且 NiCo-LDH、NiFe-LDH 和 CoFe-LDH 的负载量在 0.5~1mg/cm² 的范围内。

## 4.2.2　材料结构表征方法

在飞利浦 PW-1830 X 射线衍射仪上用铜 $K_\alpha$ 射线（$K=0.15418$nm）对合成样品进行了 X 射线粉末衍射分析。拉曼光谱是使用拉曼显微镜 Renishaw 2000 测量的，该显微镜由 514nm 氩离子激光器激发，光斑尺寸为 2mm。X 射线光电子能谱（XPS）是在 Perkin-Elmer 型号 PHI 5600 XPS 系统上测量的，分辨率为 0.3~0.5eV，具有 Mo $K_\alpha$ 辐射（1486.6eV）的单色铝阳极 X 射线源。用场发射扫描电子显微镜（FESEM）测定了合成样品的形貌，并用 JEOL JSM-6700F 在 5kV 加速电压下进行了表征。能量分散 X 射线光谱（SEM-EDS）是在 10kV 下用 JEOL JSM-6700F 进行表征。用加速电压为 200kV 的 JEOL-2010 表征透射电子显微镜、选区电子衍射。产生的氢气通过气相色谱仪来定量分析。使用热导检测器对氩气载气 GC-7900 进行气相色谱分析。通过将实验量化的气体量与理论计算电极面积为 1.8cm² 的氢气量进行比较来计算法拉第效率。在 -196℃（77K）下，通过电阻率/霍尔测量系统（型号 AHL55T5）测量了碳纤维纸上合成的 MoS₂ 和 MoS₂/NiCo-LDH 的室温电导率和载流子浓度，磁场强度为 0.552T，吸附-解吸等温线由 Micromeritics ASAP 2020 分析仪记录。在测量之前，首先从 CFP 基底上刮下样品，然后在 100℃下真空脱气 3h。通过应用布鲁纳-埃米特-泰勒理论进一步计算比表面积。

### 4.2.3 材料性能测试方法

电化学测试使用 CHI 760E 电化学工作站（上海辰华仪器有限公司）进行，使用标准三电极电化学电池，分别以铂箔和汞/氧化汞作为电极和参比电极。为了避免在电化学测试过程中由于铂腐蚀而在工作电极上产生铂沉积从而影响实验结果，因此要在特殊的电化学池中进行电化学测量，并使用隔膜将工作电极与铂对电极分开。电化学惰性胶带用于限定 $1cm^2$ 电极面积。电化学测量均在室温下进行，电位参考可逆氢电极电位。具体电化学测试各指标参数参见 3.2.3 节所述。

# 4.3　催化剂结构及性能

### 4.3.1　催化剂的结构分析

通过两步水热法合成了层状 $MoS_2$/NiCo-LDH 复合材料（见图 4-1（a））。首先在碳纤维纸（CFP）衬底上通过 200℃ 的微波水热反应，2h 内生长垂直的 $MoS_2$ 纳米片阵列，然后在 $MoS_2$ 纳米片阵列表面再进行水热反应，在 $MoS_2$ 纳米片阵列表面生长 NiCo-LDH。通过场发射扫描电子显微镜（FESEM）表征了合成后的 $MoS_2$ 和 $MoS_2$/NiCo-LDH 催化剂的形貌。如图 4-1（c）所示，微波水热合成 $MoS_2$ 在 CFP 基底上显示出有序且垂直排列的片状结构，这与 CFP 基底的形貌明显不同（见图 4-1（b））。显然，微波水热法生长的 $MoS_2$ 以垂直排列的片状结构完全覆盖在 CNF 基底上。图 4-1（d）中的 FESEM 图像显示 $MoS_2$/NiCo-LDH 复合材料表面由 NiCo-LDH 薄片结构组成，该结构紧密生长在垂直排列的 $MoS_2$ 薄片的边缘表面上。图 4-1（f）和（i）显示了已生长的 $MoS_2$ 样品的透射电子显微镜（TEM）图像。垂直排列的 $MoS_2$ 薄片的层间间距为 0.65nm，对应于 2H-$MoS_2$ 晶体的(002)面（参见图 4-2 的 X 射线衍射结果）。$MoS_2$ 片厚度约为 10nm，这与 FESEM 图像中的边缘厚度一致，因此进一步证实了 CFP 基板上垂直排列的 S—Mo—S 层结构。还应注意，在图 4-1（i）中，晶体条纹以白色箭头指示的台阶向边缘逐渐变细。在本书第 3 章中可以找到更多关于阶梯状边缘 $MoS_2$ 纳米片阵列的结构分析。图 4-1（e）和（h）显示了 NiCo-LDH 的 TEM 图像。总的来说，可以看到 NiCo-LDH 的纳米片形貌，层间距为 0.76nm，与 LDH 的(003)晶面相对应。从图 4-1（h）中看出，NiCo-LDH 纳米片的厚度约为 5～10nm。图 4-1（g）和（j）中的 TEM 图像显示了沿边缘紧密连接的 $MoS_2$ 和 NiCo-LDH 纳米片的异质结构。图 4-1（g）中显示的具有约 0.21nm 晶格间距的条纹对应于 NiCo-LDH 的 (015)晶面。$MoS_2$ 的(002)晶面和 NiCo-LDH 的(015)晶面相邻构成 $MoS_2$/NiCo-LDH

异质结构中的界面。如图 4-1 (j) 所示，MoS₂ 表面并未被 NiCo-LDH 全部覆盖，暴露出 MoS₂ 表面可与 NiCo-LDH 协同催化析氢反应。

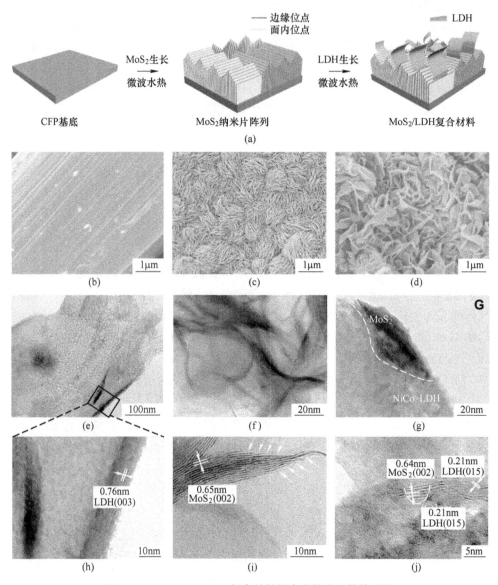

图 4-1    MoS₂/NiCo-LDH 复合材料的合成策略和结构表征

（a）MoS₂/NiCo-LDH 复合材料合成工艺示意图；（b）CFP 基底；（c）MoS₂ 纳米片阵列；

（d）MoS₂/NiCo-LDH 复合材料的 SEM 图像；（e）（h）分别为 NiCo-LDH 的低倍和高倍 TEM 图像；

（f）（i）分别为 MoS₂ 阵列的低倍和高倍 TEM 图像；

（g）（j）分别为 MoS₂/NiCo-LDH 复合材料的低倍和高倍 TEM 图像

图 4-2（a）显示了 $MoS_2$/NiCo-LDH 复合材料的高分辨率 TEM（HRTEM）图像。观察到间距为 0.62nm 和 0.22nm 的晶格条纹，分别与 2H-$MoS_2$ 和 NiCo-LDH 的（002）和（015）晶格间距一致，表明复合材料中 $MoS_2$ 的（002）晶面与相邻的 NiCo-LDH（015）晶面之间形成了界面。$MoS_2$/NiCo-LDH 复合材料的晶体结构通过 HRTEM 图像中白色虚线方框标记的选定区域的傅里叶变换（FFT）图进一步验证。在 i 区，FFT 图显示了 NiCo-LDH 微晶的（012）（015）和（113）晶面的清晰衍射，而在区域 ii，FFT 图案不仅显示了 NiCo-LDH 微晶的（012）（015）（113）晶面的衍射，而且还显示了 $MoS_2$ 的（002）晶面的衍射。值得注意的是，NiCo-LDH 微晶的（001）晶面衍射缺失表明 LDH 的择优取向，ab 平面垂直于 $MoS_2$ 纳米片叠层，如图 4-2（a）的插图所示。元素面扫图显示了钼、硫在 $MoS_2$ 纳米片中的均匀分布，显示出钼、硫与 NiCo-LDH 在 $MoS_2$/NiCo-LDH 中的明显界面。合并的 $MoS_2$ 与 $MoS_2$/NiCo-LDH 的选择区域电子衍射（SAED）（见图 4-2（b））中，$MoS_2$/NiCo-LDH 显示出 $MoS_2$ 晶体的（100）（110）和（200）晶面信号及 NiCo-LDH 晶体的（012）（015）和（113）晶面信号。XRD 图（见图 4-2（c））进一步证明了 $MoS_2$/NiCo-LDH 异质结构中存在 2H-$MoS_2$（JCPDS 第 75-1539 号）和 NiCo-LDH（JCPDS 第 33-0429 号），并且与 SAED 分析一致。为了评估 $MoS_2$/NiCo-LDH 复合材料的室温电导率和载流子浓度，进行了电阻率和霍尔效应测试。CFP 上 $MoS_2$ 和 $MoS_2$/NiCo-LDH 的电流电压扫描表明，由于 LDH 材料的低电导率，$MoS_2$/NiCo-LDH 复合材料的电导率相对于 $MoS_2$ 略有下降。因此，$MoS_2$/NiCo-LDH 复合材料的载流子浓度（$1.86 \times 10^{19} cm^{-3}$）略低于 $MoS_2$（$1.91 \times 10^{19} cm^{-3}$）。此外，$MoS_2$/NiCo-LDH 复合材料的表面积（$22.6 m^2/g$）比 Brunauer-Emmett-Teller 法计算的 $MoS_2$（$16.5 m^2/g$）大。相比之下，$MoS_2$/NiCo-LDH 复合材料表面积接近于一些 3D 多孔催化剂，如 $Ni_{0.33}Co_{0.67}S_2$ 纳米线（$16.1 m^2/g$）和多孔 $MoO_2$/碳纳米管（$25.7 m^2/g$）。

图 4-2（d）中所示的 $MoS_2$/NiCo-LDH 的 Ni 2$p$ X 射线光电子能谱（XPS）856.5eV 和 874.0eV 处显示出 $Ni^{2+}$ 的特征峰[253]，因此从镍的高分辨率 Ni 2$p$ XPS 谱来看，大部分 Ni 呈+2 价氧化态。$MoS_2$/NiCo-LDH 的 XPS Co 2$p$ 光谱可以拟合出两个不同的双峰（2$p_{3/2}$ 和 2$p_{1/2}$）：一个为 $Co^{2+}$ 的双峰大约在 782.5eV 和 798.0eV，另一个为 $Co^{3+}$ 的双峰大约在 780.6eV 和 796.5eV（见图 4-2e）。因此，所制备的 $MoS_2$/NiCo-LDH 样品中的钴物种具有两个氧化态（+2 和+3），$Co^{2+}$ 与 $Co^{3+}$ 的比例也为 1∶1.29。进一步的研究表明，在 $MoS_2$/NiCo-LDH 复合材料中，Co/Ni 的比例为 1∶1，$M^{3+}$（$Co^{3+}$）与 $M^{2+}$（$Co^{2+}$+$Ni^{2+}$）的比例约为 1∶4。$MoS_2$/NiCo-LDH 的 O 1$s$ XPS 谱表明 NiCo-LDH 中存在金属氧键和—OH 基团。观察到，与纯 NiCo-LDH 样品相比，$MoS_2$/NiCo-LDH 复合材料中 Ni 2$p$ 和 Co 2$p$ 的结

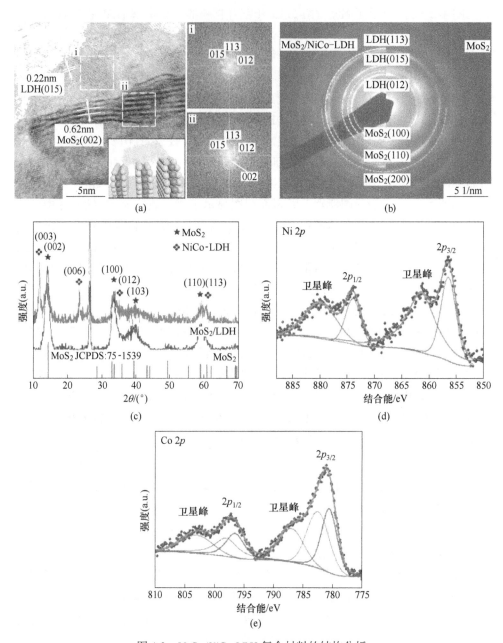

图 4-2   MoS₂/NiCo-LDH 复合材料的结构分析

（a）MoS₂/NiCo-LDH 复合材料的 HRTEM 图像，显示了用白色虚线正方形（i 和 ii）标记的所选区域的相应 FFT 模式，插图为设计的 MoS₂/NiCo-LDH 异质结构的示意图；（b）MoS₂ 和 MoS₂/NiCo-LDH 样品的 SAED 谱；（c）MoS₂ 和 MoS₂/NiCo-LDH 样品的 XRD 图谱及 2H-MoS 的标准图谱；（d）MoS₂/NiCo-LDH 复合材料的高分辨率 XPS Ni 2p 光谱；（e）MoS₂/NiCo-LDH 复合材料的高分辨率 XPS Co 2p 光谱

合能有轻微的蓝移。与 XPS 结果一致的是，拉曼光谱还显示出 $A_{1g}$ 模式从 403cm$^{-1}$ 到 407cm$^{-1}$ 和 $E^1_{2g}$ 模式从 379cm$^{-1}$ 到 382cm$^{-1}$ 的蓝移，这表明在复合材料的异质结构中 MoS$_2$ 和 NiCo-LDH 之间存在电子相互作用，这会弱化 S—Mo 键，从而降低它们的振动频率[136]。此外，在 MoS$_2$/NiCo-LDH 复合材料中，526cm$^{-1}$ 和 465cm$^{-1}$ 处的拉曼峰也分别移到 531cm$^{-1}$ 和 468cm$^{-1}$ 处。XPS 和 Raman 分析为 MoS$_2$ 与 NiCo-LDH 之间的电子相互作用提供了重要的证据，证实了 MoS$_2$ 与 NiCo-LDH 之间成功地形成了电子耦合界面。

### 4.3.2 催化剂电化学性能分析

在标准三电极电化学池中，研究了所制备的 MoS$_2$ 和 MoS$_2$/NiCo-LDH 催化剂在 1mol/L KOH 溶液中对 HER 的电催化活性。在电化学测量过程中，高纯度的氢气被不断地鼓入电解液中。图 4-3（a）是电阻补偿后样品的极化曲线。在 10mA/cm$^2$ 的电流密度下，MoS$_2$ 和 NiCo-LDH 纳米片的 HER 过电位分别为 204mV 和 400mV。然而，MoS$_2$/NiCo-LDH 复合催化剂的 HER 活性显著提高，过电位降低至 78mV，比裸露的 MoS$_2$ 和 NiCo-LDH 催化剂分别低 126mV 和 322mV。双电层电容 $C_{dl}$ 与电化学表面积（ECSA）成正比[240]，如图 4-3（b）所示，MoS$_2$/NiCo-LDH 复合材料的 $C_{dl}$ 值（110.7mF/cm$^2$）略大于 MoS$_2$ 纳米片阵列的 $C_{dl}$ 值（102.5mF/cm$^2$）。表明前者比后者在碱性介质中具有更大的催化活性表面积，但这种差异太小，无法证明电化学活性表面积是 MoS$_2$/NiCo-LDH 复合材料的 HER 动力学显著增强的主要原因。

MoS$_2$ 和 MoS$_2$/NiCo-LDH 催化剂的 Tafel 斜率分别为 95.7mV/dec 和 76.6mV/dec（见图 4-3（c）），Tafel 斜率值通常被用来分析析氢反应路径。MoS$_2$ 和 MoS$_2$/NiCo-LDH 催化剂的 Tafel 斜率均在 39～116mV/dec 范围内，说明在碱性电解质中，析氢反应动力学主要受电荷转移诱导水解离步骤限制，其中，Volmer 步骤（H$_2$O+e→H$_{ad}$+OH$^-$）和 Heyrovsky 步骤（H$_2$O+e+H$_{ad}$→H$_2$+OH$^-$）有可能为限速步骤[239]。MoS$_2$/NiCo-LDH 复合材料的 Tafel 斜率值明显低于 MoS$_2$，表明其具有更优越的 HER 动力学特性，如图 4-3（d）所示，电化学阻抗谱更能证明这一点。在 200mV 的过电位下，MoS$_2$/NiCo-LDH 复合材料的电荷转移电阻（$R_{ct}$，1.7Ω）远低于 MoS$_2$ 的电荷转移电阻（11.2Ω），证实了 MoS$_2$/NiCo-LDH 复合材料在析氢过程中具有更快的电荷转移过程，因此 MoS$_2$/NiCo-LDH 复合材料具有更优的化学反应动力学性能。这表明，在 MoS$_2$/NiCo-LDH 体系中，催化剂与反应中间体之间的相互作用得到了显著改善。为了进一步评估催化剂的本征 HER 催化活性，计算了周转频率（TOF）[105,254]。然而，对于复杂的复合催化剂，TOF 的计算变得更为复杂。MoS$_2$/NiCo-LDH 复合材料的 TOF 值是基于 MoS$_2$ 中钼的位点数进行计算的，这是因为：（1）NiCo-LDH 的 HER 活性比 MoS$_2$ 低；（2）MoS$_2$/NiCo-LDH 复合材料的 ECSA 接近 MoS$_2$ 催化剂。计算得到在 200mV 过电位下 MoS$_2$/NiCo-LDH 复合材料的 TOF 值为 2.4s$^{-1}$，比 MoS$_2$ 纳米片阵列（0.2s$^{-1}$）的 TOF 高出 10 倍以上。TOF 的显著增加表明，通过在析氢过程中引入 MoS$_2$/NiCo-LDH 界面，催化剂与反应中间体之间的相互作用得到了优化。由于 H 和 OH 的协同吸附在 MoS$_2$/LDH 界面上有利于水的分解，从而使 MoS$_2$/NiCo-LDH 复合材料在碱性溶液中的催化性能有了很大的提高。除了 MoS$_2$/NiCo-LDH 催化剂外，MoS$_2$/NiFe-LDH 和 MoS$_2$/CoFe-LDH 复合材料在碱性溶液中也表现出比单独用 MoS$_2$ 或 LDH 催化剂更高的催化活性，证明了 MoS$_2$/LDH 异质结构的协同催化效应。

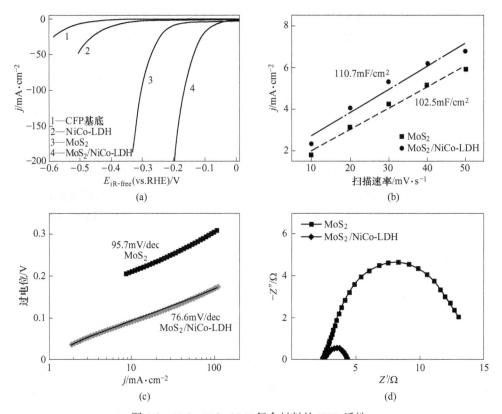

图 4-3　MoS$_2$/NiCo-LDH 复合材料的 HER 活性

（a）扫描速率为 5mV/s 时，CFP 基底、NiCo-LDH、MoS$_2$ 和 MoS$_2$/NiCo-LDH 复合催化剂在 1mol/L KOH
　　溶液中的极化曲线；（b）MoS$_2$ 和 MoS$_2$/NiCo-LDH 催化剂的 $C_{dl}$；（c）MoS$_2$ 和 MoS$_2$/NiCo-LDH
　　催化剂的 Tafel 图；（d）MoS$_2$ 和 MoS$_2$/NiCo-LDH 复合催化剂在过电位为 200mV 时的 Nyquist 图

　　图 4-4（a）列出了具有较好 HER 催化性能的镍钼合金、镍基、钴基、钼基化合物和 LDH 基催化剂在 10mA/cm$^2$ 的电流密度下的过电位和 Tafel 斜

率[116,240,255~262]。在实际应用中，理想的电化学催化剂应具有较低的过电位和较低的 Tafel 斜率。显然，本章制备的 MoS₂/NiCo-LDH 催化剂的性能明显优于或至少可与碱性电解质中活性最高的 HER 电催化剂相媲美。此外，MoS₂/NiCo-LDH 的实际产氢率与理论值非常吻合，表明达到了约 100% 的法拉第效率。采用计时电位法（$\eta$-$t$）测定了 MoS₂/NiCo-LDH 复合材料的稳定性。催化剂保持 20mA/cm² 和 50mA/cm² 的电流密度连续反应 48h。从图 4-4（b）可以清楚地看出，当以 20mA/cm² 的电流密度反应 48h 后，MoS₂/NiCo-LDH 复合材料的析氢反应过电位仅增加 3mV，显示出良好的稳定性。此外，在以 50mA/cm² 的电流密度反应 48h 后，MoS₂/NiCo-LDH 催化剂的析氢过电位增加不到 10mV。计时电位测量之后，极化曲线显示出与初始曲线相比非常小的负偏移，进一步显示了 MoS₂/NiCo-LDH 复合材料在碱性电解质中的长期耐久性（见图 4-4（b））。值得注意的是，在 20mA/cm² 下反应 48h 后，MoS₂/NiCo-LDH 复合材料的 ECSA 没有变化。此外，稳定性测试后的 SEM 和 TEM 图像显示 MoS₂/NiCo-LDH 催化剂的形貌没有变化。对恒定阴极电流密度为 20mA/cm² 的条件下运行 48h 后的 MoS₂/NiCo-LDH 进行了 XRD 分析。XRD 谱与 2H-MoS₂ 和 NiCo-LDH 结晶相一致表明在 MoS₂/NiCo-LDH 碱性电解液中长时间催化 HER 反应后 MoS₂ 和 LDH 晶体结构没有发生变化。电化学测试后的 MoS₂/NiCo-LDH 复合材料的拉曼光谱与初始 MoS₂/NiCo-LDH 的拉曼光谱基本相同，表明 MoS₂/NiCo-LDH 复合材料在 HER 催化过程中没有明显的结构变化。经电化学测试，MoS₂/NiCo-LDH 复合材料 Ni 2$p$ 区的 XPS 谱在 856.3eV 和 873.9eV 处分别出现了 Ni²⁺ 2$p_{3/2}$ 和 Ni²⁺ 2$p_{1/2}$ 双峰。在电化学测试超过 24h 后，MoS₂/NiCo-LDH 复合催化剂的钴组分中仍存在两种氧化状态（Co²⁺ 和 Co³⁺）表明 MoS₂/NiCo-LDH 复合材料具有优异的电催化活性和良好的长期稳定性。

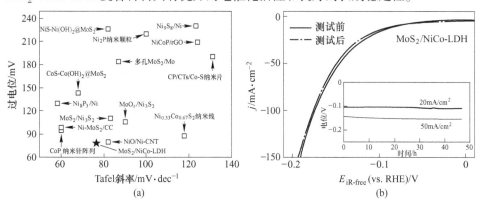

图 4-4 MoS₂/NiCo-LDH 复合材料的 HER 性能比较和稳定性评估

（a）镍钼合金、镍基、钴基、钼基化合物和 LDH 基催化剂在 10mA/cm² 的电流密度下的过电位和
Tafel 斜率比较；（b）MoS₂/NiCo-LDH 催化剂在 20mA/cm² 下反应 48h 前后的极化曲线对比，
插图为在 20mA/cm² 和 50mA/cm² 的高电流密度下的计时电位图

### 4.3.3　催化反应动力学解析

在水性电解质中，电极表面通常存在两种相互作用：一种是吸附物质与电极之间的直接键合，另一种是静电相互作用。根据双电层理论，所有的吸附物质都位于亥姆霍兹平面上，在一定的电催化过程中起着决定性的作用。MoS$_2$/NiCo-LDH 在碱性电解质中的电流主要受 H$_2$O 向 H$_2$ 的非 pH 值依赖性转化控制，表明水分子直接参与析氢，即电荷转移诱导的水离解步骤作为限速步骤[263]。本节进行了动力学分析，以评估 HER 三个基元反应步骤的标准活化自由能[264~266]。

MoS$_2$ 和 MoS$_2$/NiCo-LDH 的动力学极化曲线如图 4-5 （a） 所示。采用双路径反应动力学模型拟合了动力学电流密度，获得各基元反应步骤活化能（$\Delta G_{+T}^{*\ominus}$ 表示 Tafel 步骤活化能，$\Delta G_{+H}^{*\ominus}$ 表示 Heyrovsky 步骤活化能，$\Delta G_{-V}^{*\ominus}$ 表示 Volmer 步骤活化能，$\Delta G_{ad}^{*\ominus}$ 表示催化剂对 H$_{ad}$ 的标准吸附自由能）。Heyrovsky 步骤的活化能低于 Tafel 步骤的活化能（$\Delta G_{+H}^{*\ominus} < \Delta G_{+T}^{*\ominus}$），表明在 MoS$_2$ 和 MoS$_2$/NiCo-LDH 表面，Volmer-Heyrovsky 路径为析氢反应路径，这与 Tafel 斜率分析非常吻合。图 4-5 （b） 中值得注意的是，对于 Heyrovsky 和 Volmer 步骤，MoS$_2$/NiCo-LDH 复合材料上的活化能均低于 MoS$_2$ 上的活化能，即 $\Delta G_{-V}^{*\ominus}$ （MoS$_2$/NiCo-LDH） $< \Delta G_{-V}^{*\ominus}$ （MoS$_2$） 且 $\Delta G_{+H}^{*\ominus} - \Delta G_{ad}^{\ominus}$ （MoS$_2$/NiCo-LDH） $< \Delta G_{+H}^{*\ominus} - \Delta G_{ad}^{\ominus}$ （MoS$_2$），表明 MoS$_2$ 与 LDH 的复合加快了 HER 在碱性环境下水分解步骤的速率。MoS$_2$/NiCo-LDH 复合材料的 Tafel 斜率明显较低，电荷转移阻力较小，TOF 值较高，这也证实了 MoS$_2$/NiCo-LDH 界面的水解离过程更快，催化剂与中间体的相互作用得到了优化。DFT 计算表明，Pt$_3$Ni/NiS 界面中，NiS 能促进水离解，同时 Pt$_3$Ni 能增强与 H$_{ad}$ 结合，二者发挥协同效应。此外，MoS$_2$ 与 Ni$_3$S$_2$ 之间的界面具有 H 在 MoS$_2$ 上的化学吸附和 OH 在 Ni$_3$S$_2$ 上的化学吸附的优点，从而加速了催化剂在 1mol/L KOH 溶液中的催化析氢[262]。因此，可推测出 MoS$_2$/NiCo-LDH 界面的 HER 反应机理如图 4-5 （c） 所示。异质界面处 MoS$_2$ 和高效析氧 LDH 纳米材料的协同作用有利于 H 在 MoS$_2$ 上吸附和 OH 在 LDH 上吸附，加速了在碱性环境中的水分解步骤，从而加速了整个 HER 动力学。

本章展示了一种在碱性电解质中组装 MoS$_2$/LDH 异质结构用于构筑高效 HER 电催化剂的有效策略。该合成涉及两个简单快速的微波水热过程，分别制备阶梯状边缘的 MoS$_2$ 纳米片阵列的 LDH 纳米片层。由于 MoS$_2$/LDH 界面具有良好的结构特征，可协同促进 H 在 MoS$_2$ 上和 OH 在 LDH 上的化学吸附，从而有效地加速了析氢反应动力学。所制备的 MoS$_2$/LDH，特别是 MoS$_2$/NiCo-LDH 复合催化剂，在碱性环境中表现出优异的 HER 性能。层状 MoS$_2$ 与 LDH 材料的协同作用对设计和制备具有前景的碱性析氢催化剂具有启发意义。

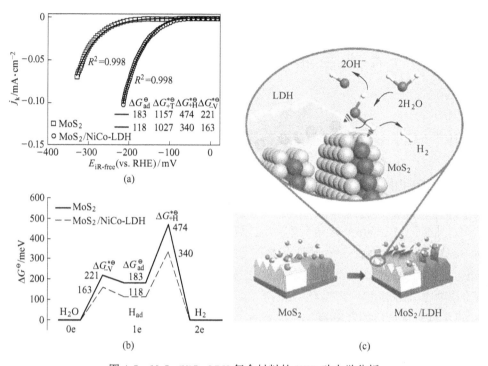

图 4-5　MoS₂/NiCo-LDH 复合材料的 HER 动力学分析

（a）在 1mol/L KOH 溶液中，双路径动力学模型拟合 MoS₂ 和 MoS₂/NiCo-LDH 复合催化剂的动力学极化曲线，拟合的标准活化自由能以 meV 为单位表示；（b）在碱性电解液中，MoS₂ 和 MoS₂/NiCo-LDH 催化剂的 Volmer-Heyrovsky 路径的能垒图；（c）碱性环境下 MoS₂/LDH 界面处 HER 反应机理示意图

# 5 异质结构的界面调控

本章介绍了一种通过金属氧化物调节界面电子结构来制备高性能 $MoS_2$ 基 HER 电催化剂的策略。$MoS_2$ 与金属氧化物之间的异质结构显著提高了 $MoS_2$ 在碱性介质中的 HER 催化活性，$MoS_2/Ni_2O_3H$ 催化剂在 1mol/L KOH 溶液中电流密度为 10mA/cm$^2$ 时的过电位为 84mV，200mV 过电位时的电荷转移电阻为 1.5Ω。同时，在 200mV 过电位时的电流密度（217mA/cm$^2$）比商品化 Pt/C 和 $MoS_2$ 分别高 2 倍和 24 倍，证明了金属氧化物修饰可以促进碱性介质中 HER 过程的限速水分解步骤。$MoS_2$/金属氧化物异质结构催化剂的计时电位测试显示出了优异的长期稳定性。密度泛函理论计算证实了在碱性介质中 $MoS_2/Ni_2O_3H$ 表面对 $H_2O$ 较优的吸附和解离，使得 $MoS_2/Ni_2O_3H$ 具有高的 HER 催化活性。

## 5.1 概　述

为了在碱性环境中获得具有高 HER 活性的催化剂，有必要了解在酸性和碱性环境中催化剂 HER 动力学产生差异的原因。通常认为析氢反应由两种基本途径组成：Volmer-Tafel 途径和 Volmer-Heyrovsky 途径，包括 $H^+$ 在酸中的电化学吸附或 $H_2O$ 在碱中的 HO—H 键断裂（Volmer 步骤）、$H_2$ 在酸中的化学脱附或 $H_2O$ 在碱中发生 HO—H 键断裂，随后 $H_2$ 的电化学脱附（Heyrovsky 步骤）、$H_2$ 的化学脱附（Tafel 步骤）。基于析氢反应在酸性和碱性环境中具有不同的反应物和反应中间体，在碱性环境中，HO—H 键断裂的难易对析氢反应动力学快慢至关重要。Markovic 等人首次报道了一种在碱性溶液中的双功能 HER 机制。他们证明了在析氢反应过程中，金属氢氧化物（如 $Ni(OH)_2$）在修饰过的铂表面起决定性作用，并表明了 HER 反应动力学同时受催化剂与 $H_{ad}$ 和 $OH_{ad}$ 的吸附强弱影响[263,267]。黄小青教授等人证明了 $Pt_3Ni/NiS$ 界面的 HER 协同催化效应，其中 NiS 促进水分解，同时 $Pt_3Ni$ 起到增强 $H_{ad}$ 吸附的作用[268]。尽管贵金属具有高 HER 催化性能，但其作为催化剂的广泛使用仍受到其高成本和稀缺性的显著限制。因此，寻找贵金属催化剂的合适替代品非常重要。

利用善于吸附和解吸氢中间体（$H_{ad}$）的非贵金属催化剂 $MoS_2$ 和能有效地裂解 HO—H 键的金属氧化物，如 $Ni_2O_3H$、$Co_3O_4$ 和 $Fe_2O_3$[110,267]，制备了一系

列 $MoS_2$/金属氧化物异质结构催化剂，通过精确选择过渡金属氧化物来调节复合材料界面，促进在碱性电解质中析氢反应的各个不同基元反应步骤，从而提高催化剂的 HER 催化性能。其中 $MoS_2$/$Ni_2O_3H$ 中的镍的 $3d$ 能带被充分激活，表现出"电子泵"的作用，使 $MoS_2$/$Ni_2O_3H$ 催化剂在碱性环境中具有优异的 HER 催化性能，其电流密度为 $10mA/cm^2$ 时的 HER 过电位为 84mV，比纯 $MoS_2$ 催化剂低 120mV。过电位在 200mV 时的电流密度为 $217mA/cm^2$，比商品化 Pt/C 催化剂的电流密度高两倍，其性能优于大多数先前报道的非贵金属 HER 催化剂。

## 5.2 材料的制备及测试技术

### 5.2.1 材料的制备

材料的制备主要有以下几方面：

（1）阶梯状边缘 $MoS_2$ 纳米片阵列。阶梯状边缘 $MoS_2$ 纳米片阵列的合成请参见 3.2.1 节所述。

（2）$MoS_2$/$Ni_2O_3H$、$MoS_2$/$Co_3O_4$ 和 $MoS_2$/$Fe_2O_3$。$MoS_2$/$Ni_2O_3H$、$MoS_2$/$Co_3O_4$ 和 $MoS_2$/$Fe_2O_3$ 的合成：将 1.2mL 1mol/L 硝酸镍（$Ni(NO_3)_2$）水溶液加入 40mL $N_2$ 饱和水中。然后将 3mL 1mol/L 尿素和 0.2mL 0.1mol/L 柠檬酸三钠水溶液加入装有混合溶液的烧杯中。在连续 $N_2$ 流下搅拌混合物 0.5h 后，将混合溶液转移到 100mL 聚四氟乙烯容器中，然后将一块长有 $MoS_2$ 的碳纤维纸（CFP）浸入混合物中。将聚四氟乙烯容器密封并在室温下保持 2h，然后在 120℃下水热处理 12h。用超纯去离子水洗涤产物数次。$Ni_2O_3H$ 的合成过程与 $MoS_2$/$Ni_2O_3H$ 的合成过程相同，唯一不同的是加入的是没有二硫化钼的 CFP。$MoS_2$/$Co_3O_4$ 和 $MoS_2$/$Fe_2O_3$ 采用与 $MoS_2$/$Ni_2O_3H$ 相同的合成方法，用 1.2mL 1mol/L $Co(NO_3)_2$ 代替 $Ni(NO_3)_2$ 合成 $MoS_2$/$Co_3O_4$，用 1.2mL 1mol/L $Fe(NO_3)_3$ 代替 $Ni(NO_3)_2$ 合成 $MoS_2$/$Fe_2O_3$。

样品上 $MoS_2$ 的负载量约为 $3mg/cm^2$，并且 $MoS_2$/$Ni_2O_3H$、$MoS_2$/$Co_3O_4$ 和 $MoS_2$/$Fe_2O_3$ 中 $Ni_2O_3H$、$Co_3O_4$ 和 $Fe_2O_3$ 的负载量分别为 $1.8mg/cm^2$、$2.6mg/cm^2$ 和 $0.5mg/cm^2$。

### 5.2.2 材料结构表征及性能测试方法

材料结构表征请参见 3.2.2 节。

合成样品的电化学测量使用 CHI 760E 电化学工作站（上海辰华仪器有限公司）进行，使用标准三电极电化学电池，炭棒和 Hg/HgO 分别作为对电极和参比电极。采用电化学惰性胶带限定 $1cm^2$ 电极面积。电化学测量均在室温下进行，电位参考可逆氢电极的电位（RHE）。具体电化学测试各指标参数参见 3.2.3 节所述。

### 5.2.3　密度泛函理论计算参数设置

密度泛函理论（DFT）采用 CASTEP 代码进行计算[224]。体系的交换关联泛函采用基于广义梯度近似（GGA）的 Perdew-Burke-Ernzerhof 交互关联泛函（PBE）[269,270]。对于所有计算过程，设定平面波函数动能的截断能为 380eV，并使用超软赝势描述内层电子与原子核对外层电子产生的势场。在结构驰骤过程中，设定原子受力与能量的收敛判据分别为 0.01eV/nm 和 $5 \times 10^{-5}$ eV。$MoS_2$/$Ni_2O_3H$ 界面模型由 $MoS_2$ 的（002）面和 $Ni_2O_3H$ 的（101）面构成。$MoS_2$/$Co_3O_4$ 界面模型由 $MoS_2$ 的（002）面和 $Co_3O_4$ 的（311）面构成。$MoS_2$/$Fe_2O_3$ 由 $MoS_2$ 的（002）表面和 $Fe_2O_3$ 的（012）面构成。构建的模型沿 $z$ 轴方向加入 1.5nm 的真空层，为后续物种的吸附保留空间，同时确保重复映像间不存在相互作用。

## 5.3　催化剂结构及性能

### 5.3.1　催化剂的结构分析

碱性介质中动力学有利的 HER 催化剂应具有精心设计的界面，以促进 $H_2O$ 吸附、水解离和氢中间体（$H_{ad}$）的重组。复合材料的电化学活性与其界面电子结构有关。鉴于此，采用密度泛函理论分析了 $MoS_2$/$Ni_2O_3H$、$MoS_2$/$Co_3O_4$ 和 $MoS_2$/$Fe_2O_3$ 复合材料的电子结构。显然，由费米能级 $E_F$ 附近的成键轨道和反成键轨道等值线图（见图 5-1（a）~（c））可知，$MoS_2$/$Ni_2O_3H$ 上的电子分布主要位于界面处。相比之下，$MoS_2$/$Co_3O_4$ 和 $MoS_2$/$Fe_2O_3$ 界面的电子分布不太集中，在界面区域观察到的明显应力，导致结构变形。$H_2O$ 的最佳吸附位置是界面附近的过渡金属位置。这预示了界面区域的高催化活性。

分波态密度（PDOS）可以反映不同 $MoS_2$/金属氧化物复合材料的界面电子结构。在费米能级 $E_F$ 附近，界面的镍位点起着高活性"电子泵"的作用。$MoS_2$/$Ni_2O_3H$ 界面上，$e_g$ 态明显跨越了 $E_F$，使得 $t_{2g}$-$e_g$ 的间隙明显减小，表明 $MoS_2$/$Ni_2O_3H$ 界面具有较好的电子转移特性。相比之下，在 $MoS_2$/$Co_3O_4$ 和 $MoS_2$/$Fe_2O_3$ 的界面区域，$t_{2g}$-$e_g$ 分裂显著增大，使得电子转移的能垒增大。$MoS_2$ 中的 Mo 4$d$ 带显示出与 $MoS_2$/$Fe_2O_3$ 相似的电子转移间隙（见图 5-1（d）），进一步解释了界面模型中不同区域提供的电子贡献。$MoS_2$/$Ni_2O_3H$ 中镍的 PDOS 演化基本上向更靠近界面区域的 $E_F$ 方向移动。Ni 3$d$ 的主峰从 3.0eV 移动到 1.0eV（见图 5-1（e））。$Co_3O_4$ 中的 Co 3$d$ 带占据了靠近 $E_F$ 的位置，3$d$ 带的移动在界面区域不明显（见图 5-1（f））。$t_{2g}$-$e_g$ 分裂能对于评估催化剂表面和分子中的 $p$-$p$ 孤对电子（如碱性 HER 中的 $H_2O$、OH）之间的电子转移至关重要。因此，尽管 $MoS_2/Fe_2O_3$ 中铁的 $3d$ 能带演化与 $MoS_2/Ni_2O_3H$ 中的镍相似，但在界面区域附近的较大的 $t_{2g}$-$e_g$ 分裂能也会极大地限制催化剂的 HER 性能（见图 5-1（g））。

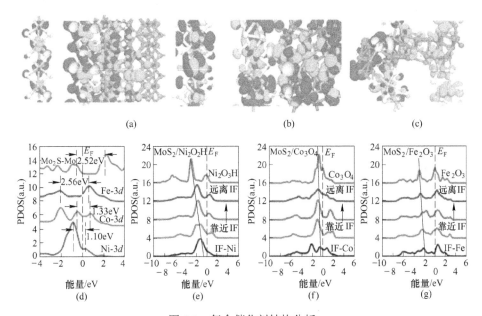

图 5-1　复合催化剂结构分析

（a）～（c）分别为 $MoS_2/Ni_2O_3H$、$MoS_2/Co_3O_4$ 和 $MoS_2/Fe_2O_3$ 的成键和反键轨道的
真实空间等值线图；（d）$MoS_2/Ni_2O_3H$、$MoS_2/Co_3O_4$ 和 $MoS_2/Fe_2O_3$ $3d$ 能带的 PDOS；
（e）$MoS_2/Ni_2O_3H$ 中的 Ni $3d$ 能带；（f）$MoS_2/Co_3O_4$ 中的 Co $3d$ 能带；
（g）$MoS_2/Fe_2O_3$ 中 Fe $3d$ 能带不同位点的 PDOS

采用微波水热法制备了 $MoS_2$ 纳米片阵列。每片 $MoS_2$ 纳米片都垂直于 CFP 基底，使催化剂表面暴露大量活性边缘位点[100]。通过在 120℃ 下第二次水热反应，在 $MoS_2$ 纳米片阵列的表面直接生长不同的金属氧化物，如 $Ni_2O_3H$、$Co_3O_4$ 和 $Fe_2O_3$ 合成出 $MoS_2/Ni_2O_3H$、$MoS_2/Co_3O_4$ 和 $MoS_2/Fe_2O_3$ 复合材料。可以由图 5-2 所示的场发射扫描电子显微镜图像（FESEM）观察到 $MoS_2/Ni_2O_3H$ 样品的表面形貌。从图 5-2（a）的 SEM 图像来看，$Ni_2O_3H$ 纳米片完全且均匀地覆盖在 $MoS_2$ 表面，表现出不同于 $MoS_2$ 的纳米片结构的表面形貌。$MoS_2/Ni_2O_3H$ 复合材料的扫描电镜能谱（SEM-EDS）图显示，镍、钼、硫和氧在材料表面均匀分布。透射电子显微镜图像（TEM）进一步显示了 $MoS_2/Ni_2O_3H$ 复合材料的纳米片特征（见图 5-2（c））。如图 5-2（d）中的高分辨率透射电子显微镜（HRTEM）图像和相应的傅里叶变换（FFT）衍射图所示，$Ni_2O_3H$ 中晶格间距为 0.25nm 的（101）晶面与 $MoS_2$ 中晶格间距为 0.62nm 的（002）晶面结合。TEM-EDS 元素面扫

图显示了 $MoS_2$ 纳米片中钼、硫的均匀分布，与镍元素边界明显，显示出 $MoS_2/$ $Ni_2O_3H$ 中明显的 $Ni_2O_3H$ 与 $MoS_2$ 之间的边界（见图 5-2（e））。

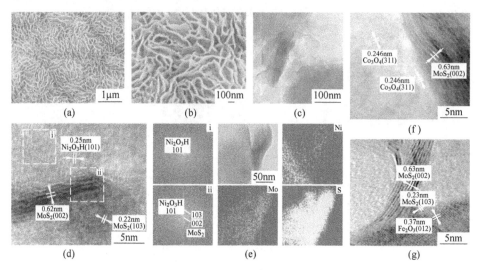

图 5-2　$MoS_2/Ni_2O_3H$ 复合材料的形貌

（a）（b）分别为 $MoS_2/Ni_2O_3H$ 的低分辨和高分辨 FESEM 图；

（c）（d）分别为 $MoS_2/Ni_2O_3H$ 复合材料的 TEM 图和 HRTEM 图；

（e）$MoS_2/Ni_2O_3H$ 复合材料的镍、钼和硫元素分布面扫图；

（f）（g）分别为 $MoS_2/Co_3O_4$ 和 $MoS_2/Fe_2O_3$ 复合材料的 HRTEM 图

$MoS_2/Co_3O_4$ 表面被 $Co_3O_4$ 纳米片组装成的纳米花所覆盖。不同于 $Ni_2O_3H$ 纳米片，$Co_3O_4$ 纳米片的厚度为 50~80nm，尺寸为 300~2000nm。$MoS_2/Co_3O_4$ 复合材料的 HRTEM 图像中显示了高度有序的晶格条纹（见图 5-2（f）），对应于晶格间距为 0.63nm 的 $MoS_2$ 的（002）面和 0.246nm 的 $Co_3O_4$（311）面结合。$MoS_2/$ $Fe_2O_3$ 复合材料可见 $MoS_2$ 片阵列边缘上附着 $Fe_2O_3$ 颗粒。在图 5-2（g）中，可见晶格间距为 0.63nm 的 $MoS_2$ 的（002）面和 0.37nm 的 $Fe_2O_3$ 晶体的（012）面结合，这表明在 $MoS_2/Co_3O_4$ 复合材料中 $MoS_2$ 的（002）面和 $Co_3O_4$ 的（311）面之间形成界面，$MoS_2$ 的（002）面和 $MoS_2/Fe_2O_3$ 复合材料中相邻的（012）面之间形成了界面。图 5-3（a）~（c）显示了 $MoS_2$、$MoS_2/Ni_2O_3H$、$MoS_2/Co_3O_4$ 和 $MoS_2/$ $Fe_2O_3$ 样品的 X 射线粉末衍射（XRD）图。在 $MoS_2$、$MoS_2/Ni_2O_3H$、$MoS_2/$ $Co_3O_4$ 和 $MoS_2/Fe_2O_3$ 样品中，$2\theta$ 为 13.98°、33.46° 和 58.96° 的衍射峰分别对应于 $2H\text{-}MoS_2$ 晶体的（002）（100）和（110）面。与 $MoS_2$ 的 XRD 图案相比，在图 5-3（a）中也观察到了 11.7°、21.9°、25.2°、35.9°、44.3°、54.6° 和 63.6° 处的 XRD 衍射峰，它们分别对应于 $Ni_2O_3H$（JCPDS 卡编号 40-1179）的（020）（120）（040）（101）（141）（214）和（301）晶面，表明成功制备了 $MoS_2/Ni_2O_3H$ 复合材料。

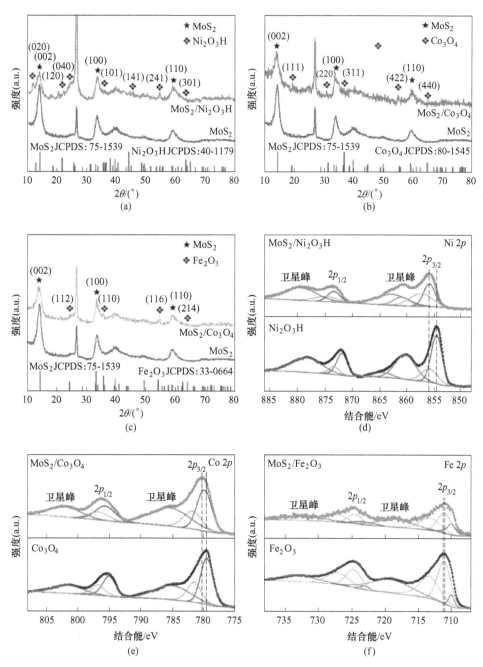

图 5-3 MoS₂/Ni₂O₃H、MoS₂/Co₃O₄ 和 MoS₂/Fe₂O₃ 复合材料的化学结构

(a)~(c) 分别为 MoS₂/Ni₂O₃H MoS₂/Co₃O₄ 和 MoS₂/Fe₂O₃ 的 XRD 谱；

(d) MoS₂/Ni₂O₃H 和 Ni₂O₃H 的 XPS Ni 2p 谱；(e) MoS₂/Co₃O₄ 和 Co₃O₄ 的 XPS Co 2p 谱；

(f) MoS₂/Fe₂O₃ 和 Fe₂O₃ 的 XPS Fe 2p 谱

此外，在 $MoS_2/Co_3O_4$ 和 $MoS_2/Fe_2O_3$ 复合样品中，新出现的衍射峰对应于 $Co_3O_4$ 的(111)面（19.1°）、（220）面（30.8°）、（311）面（36.4°）、（422）面（54.6°）、（440)面（64.6°）（JCPDS 卡编号 80-1545）和 $\alpha$-$Fe_2O_3$ 的（012）面（24.14°）、（110)面（35.61°）、（116)面（53.79°）、（300)面（63.91°）（JCPDS 卡编号 30-0664)，表明成功合成了 $MoS_2/Co_3O_4$ 和 $MoS_2/Fe_2O_3$ 复合材料（见图 5-3）。

通过 X 射线光电子能谱（XPS）进一步阐明样品的化学结构。XPS 谱清楚地显示了所有 $MoS_2$ 复合材料中所含有的元素，这与 EDS 结果非常一致。图 5-3（d）~（f）显示了 $MoS_2/Ni_2O_3H$、$MoS_2/Co_3O_4$ 和 $MoS_2/Fe_2O_3$ 复合材料与纯的 $Ni_2O_3H$、$Co_3O_4$ 和 $Fe_2O_3$ 组分之间 XPS 谱的不同之处。如图 5-3（d）所示，位于 Ni $2p$ 谱中 854.5eV 和 871.9eV 的峰对应于 $Ni_2O_3H$ 中 $Ni^{2+}$（Ni $2p_{3/2}$ 和 Ni $2p_{1/2}$）。值得指出的是，这些峰在 $MoS_2/Ni_2O_3H$ 样品中向高能方向移动，这可能是因为 $Ni_2O_3H$ 和 $MoS_2$ 之间的电子相互作用。与纯的 $Co_3O_4$ 和 $Fe_2O_3$ 组分相比，在 $MoS_2/Co_3O_4$ 和 $MoS_2/Fe_2O_3$ 复合材料中也观察到 Co $2p$ 和 Fe $2p$ 峰位移（见图 5-3（e）和（f）），证实 $MoS_2$ 和相应的金属氧化物（$Co_3O_4$ 和 $Fe_2O_3$）之间成功形成电子耦合界面[262]。

### 5.3.2 催化剂电化学性能分析

为了揭示金属氧化物在碱性环境中对析氢催化作用的贡献，对 $MoS_2$、$MoS_2/Ni_2O_3H$、$MoS_2/Co_3O_4$ 和 $MoS_2/Fe_2O_3$ 催化剂进行了 HER 性能研究。图 5-4（a）所示的极化曲线证实了 $MoS_2/Ni_2O_3H$、$MoS_2/Co_3O_4$ 和 $MoS_2/Fe_2O_3$ 复合材料的 HER 催化活性远高于纯的 $MoS_2$、$Ni_2O_3H$、$Co_3O_4$ 和 $Fe_2O_3$ 催化剂。这意味着在 $MoS_2$ 基体中引入金属氧化物可以有效提高催化剂的活性。$MoS_2/Ni_2O_3H$ 催化剂在电流密度为 $10mA/cm^2$ 时过电位为 84mV，比 $MoS_2/Co_3O_4$（96mV）、$MoS_2/Fe_2O_3$（133mV）和 $MoS_2$（204mV）催化剂分别低 12mV、49mV 和 120mV。过电位为 200mV 时，$MoS_2/Ni_2O_3H$ 催化 HER 的电流密度可达 $217mA/cm^2$，分别是 $MoS_2/Co_3O_4$（$131mA/cm^2$）、$MoS_2/Fe_2O_3$（$44mA/cm^2$）和 $MoS_2$（$9mA/cm^2$）催化剂的 1.7 倍、4.9 倍和 24 倍。该电流密度甚至比商品化 Pt/C 催化剂（$110mA/cm^2$）高两倍，表明 $MoS_2/Ni_2O_3H$ 催化剂优异的 HER 催化活性。在 200mV 的过电位下，计算出的 $MoS_2/Ni_2O_3H$、$MoS_2/Co_3O_4$ 和 $MoS_2/Fe_2O_3$ 复合催化剂的 TOF 值分别为 $2.0s^{-1}$、$1.2s^{-1}$ 和 $0.5s^{-1}$。值得注意的是，$MoS_2/Ni_2O_3H$ 复合材料的 TOF 值是纯 $MoS_2$ 纳米片阵列（$0.2s^{-1}$）的 10 倍，表明 $MoS_2/Ni_2O_3H$ 复合催化剂的本征 HER 活性显著增强。如图 5-4（b）所示，$MoS_2/Ni_2O_3H$（$132.6mF/cm^2$）、$MoS_2/Co_3O_4$（$138.6mF/cm^2$）和 $MoS_2/Fe_2O_3$（$114.2mF/cm^2$）催化剂的双电层电容 $C_{dl}$ 与纯的 $MoS_2$ 催化剂（$102.5mF/cm^2$）的 $C_{dl}$ 没有明显区别，表明

MoS$_2$ 基复合材料中电子耦合界面的存在对增强在碱性环境中 HER 本征催化活性起关键作用。

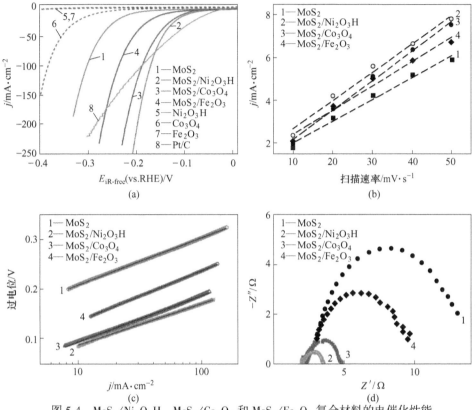

图 5-4　MoS$_2$/Ni$_2$O$_3$H、MoS$_2$/Co$_3$O$_4$ 和 MoS$_2$/Fe$_2$O$_3$ 复合材料的电催化性能

(a) 所制备催化剂的极化曲线；(b) 所制备催化剂的 $C_{dl}$ 图；

(c) 所制备催化剂的 Tafel 图；(d) 催化剂在 200mV 过电位下的 Nyquist 图

如图 5-4（c）和（d）所示，MoS$_2$、MoS$_2$/Ni$_2$O$_3$H、MoS$_2$/Co$_3$O$_4$ 和 MoS$_2$/Fe$_2$O$_3$ 的 Tafel 斜率分别为 96.9mV/dec、82.3mV/dec、91.8mV/dec 和 97.8mV/dec。从 Nyquist 图中得到 MoS$_2$/Ni$_2$O$_3$H、MoS$_2$/Co$_3$O$_4$ 和 MoS$_2$/Fe$_2$O$_3$ 催化剂的电荷转移电阻分别为 1.5Ω、2.6Ω 和 7.4Ω，均低于 MoS$_2$（11.2Ω）。MoS$_2$/金属氧化物异质结构的电化学行为表明，金属氧化物修饰 MoS$_2$ 可加快其表面水离解限速步骤的反应动力学，在金属氧化物帮助下发生 H—OH 键断裂产生质子，然后与第二个质子结合产生 H$_2$[271]。显而易见的是，MoS$_2$/Ni$_2$O$_3$H 复合材料显示出最低的电荷转移电阻和 Tafel 斜率，表明其在碱性介质中具有最高的反应动力学。为了更好地评估催化剂的性能，与最近报道的在碱性介质中的高活性钼基催化剂比较，MoS$_2$/金属氧化物复合材料的 HER 性能明显与碱性电解质中最优的钼基

HER 催化剂相比仍具有优势。

固定电流密度为 10mA/cm² 的计时电位测试超过 45h，证明 MoS₂/Ni₂O₃H、MoS₂/Co₃O₄ 和 MoS₂/Fe₂O₃ 复合催化剂均具有较好的稳定性（见图 5-5（a））。在长期稳定性试验中，这三种催化剂的过电位没有明显增加。此外，通过比较计时电位法测试前后 MoS₂/Ni₂O₃H、MoS₂/Co₃O₄ 和 MoS₂/Fe₂O₃ 催化剂的 HER 极化曲线，未观察到这些催化剂极化曲线的明显变化（见图 5-5（b）~（d））。此外，在进行长期稳定性测试后，MoS₂/Fe₂O₃ 催化剂的表面形貌和化学组成几乎没有发现明显的变化。这些结果表明 MoS₂/金属氧化物复合催化剂在碱性环境中具有优异的稳定性。

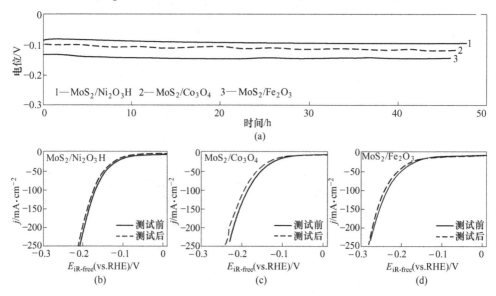

图 5-5　MoS₂/Ni₂O₃H、MoS₂/Co₃O₄ 和 MoS₂/Fe₂O₃ 催化剂的稳定性

（a）固定电流密度为 10mA/cm² 时的计时电位图；（b）~（d）分别为 MoS₂/Ni₂O₃H、MoS₂/Co₃O₄ 和 MoS₂/Fe₂O₃ 在计时电位测试前后的极化曲线

本章介绍了通过构建 MoS₂/Ni₂O₃H、MoS₂/Co₃O₄ 和 MoS₂/Fe₂O₃ 异质结构来提高催化剂在碱性介质中的电催化 HER 性能的方法。这些 MoS₂/金属氧化物异质结构显著增强了 HER 的电催化活性，这与 MoS₂ 和金属氧化物催化剂之间的电子耦合有关。在所有 MoS₂/金属氧化物复合催化剂中，MoS₂/Ni₂O₃H 催化剂具有最高的 HER 活性，在 10mA/cm² 下过电位低至 84mV，200mV 时电荷转移电阻为 1.5Ω，并且长期稳定性高。此外，MoS₂/Ni₂O₃H 催化剂在 200mV 过电位时的电流密度为 217mA/cm²，是商品化 Pt/C 催化剂的两倍。理论计算揭示了不同的 $3d$ 轨道对界面的调控，激发了 MoS₂/Ni₂O₃H 中的 Ni $3d$ 带，实现了碱性条件下高效的 HER 快速电子转移。通过选择合适的过渡金属氧化物，可以实现对 HER 电活性的灵活调控，这为制备高活性析氢催化剂提供了一种新思路。

# 6  全 pH 值范围高效析氢催化剂的构筑

作为未来可持续能源经济的先决条件，设计在酸性和碱性环境下都具有可观的析氢性能的非贵金属 $MoS_2$ 催化剂仍然是一个紧迫的挑战。降低反应能垒能提高催化剂的活性，但缺乏系统地研究。本章介绍了一种基于电化学反应动力学设计 $MoS_2$ 基异质结构的方法，通过同时调节异质结界面附近镍、钴和钼的 $3d$ 能带偏移来优化电子结构，从而实现全 pH 值范围内的高效催化析氢[272]。得益于这种理想的电子结构，制备的 $MoS_2/CoNi_2S_4$ 催化剂是迄今为止在酸性和碱性环境下报道的 $MoS_2$ 基催化剂中性能最好的催化剂之一，而且，催化剂表现出了出色的稳定性。深入理解和合理设计高效率全 pH 值电催化剂用于未来能源储存和运输具有巨大潜力。

## 6.1  概　　述

地球含量丰富的元素构成的电催化剂，尤其是过渡金属硫化物、碳化物、氮化物和磷化物，在最近几十年里已经被广泛探索和研究，并且其中一些显示出了令人满意的 HER 催化性能[273~276]。其中，二硫化钼（$MoS_2$）在酸性环境下表现出较高的 HER 催化活性，有望替代贵金属催化剂铂，成为一种很有潜力的非贵金属 HER 电催化剂。然而，$MoS_2$ 在碱性环境中的 HER 催化活性较低，限制其使用。因此，人们开展了大量的研究工作，如构建异质结构催化剂来提高催化剂在碱性介质中催化析氢活性。然而，这些催化剂很少能在碱性环境中表现出与酸性环境中相当的 HER 催化活性，在酸性和碱性环境中同时具有高 HER 催化活性的催化剂则更少。因此，开发在酸性和碱性环境中均具有较强 HER 催化活性的非贵金属催化剂至关重要。目前，还没有直接的证据表明造成催化剂在酸性和碱性环境中 HER 催化活性不同的根本原因，更不用说是基于这些机理优化 HER 催化性能了。目前报道的构建异质结构的方法对催化剂性能的调节具有不可控性。以 HER 反应动力学为导向，以降低 HER 速率决定步骤能垒为出发点，有针对性地设计和调控催化剂结构，是一种有效的新策略，可以最大限度地发挥异质结构催化剂的优势。

对于 HER 来说，吸附氢（$H_{ad}$）的形成主要依赖于氢与催化剂表面电子的相互作用，这取决于催化析氢的热力学和动力学。对于非贵金属 $MoS_2$ 催化剂，动力学分析表明，在酸性和碱性电解质中，HER 的 Tafel 基元反应的能垒比 Heyrovsky 基元反应更高，表明 MoS₂ 表面的 HER 路径主要为 Volmer-Heyrovsky 途径，如图 6-1 所示。此外，根据动力学分析，在碱性介质中 Volmer 和 Heyrovsky 基元反应的能垒远高于酸性介质中 Volmer 和 Heyrovsky 的反应能垒，导致了 MoS₂ 催化剂在碱性介质中的 HER 催化性能较差（见图 6-2（a）和（b））。第 4 章表明 MoS₂ 和层状双氢氧化物材料（LDH）组成异质结构（MoS₂/NiCo-LDH），可协同促进界面附近对中间体（H* 和 *OH）的吸附，降低了 HER 中 Volmer 和 Heyrovsky 基元反应能垒，因此 MoS₂ 在碱性环境中的 HER 动力学得到了明显改善[9]。然而，从图 6-2（b）中催化剂较大的 $\Delta G_{ad}^{\ominus}$ 值可以看出，MoS₂/NiCo-LDH 催化剂表面对反应中间体吸附的自由能（$\Delta G_{ad}^{\ominus}$）大大增加，导致 MoS₂/NiCo-LDH 催化剂在酸性环境中的 HER 催化反应动力学变得更加缓慢，因此决定反应速率的 Volmer 和 Heyrovsky 步骤在酸性环境中的能垒比在碱性环境中的能垒更高，这使得寻找在酸性和碱性环境中同时具有快速 HER 反应动力学的催化剂成为 HER 研究领域中的巨大挑战。实现这一目标的关键是平衡好催化剂表面对中间体的结合和释放能力，降低 Volmer 和 Heyrovsky 步骤的能垒。如已证明的那样，MoS₂ 表面上的活性边缘位点和惰性平面位点都倾向于弱键合 OH$_{ad}$[214]，如果增强催化剂与 HER 中间体的吸附，可加快 Volmer 和 Heyrovsky 步骤的动力学。事实上，图 6-2（a）揭示了 Volmer 步骤（$\Delta G_{-V}^{*\ominus}$）和 Heyrovsky 步骤（$\Delta G_{+H}^{*\ominus}$）的反应

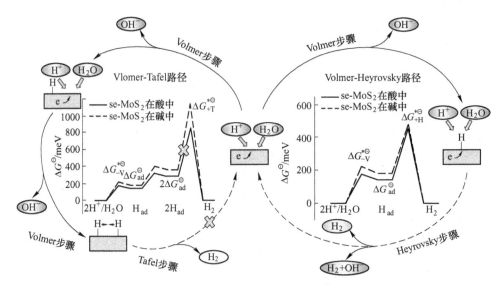

图 6-1　酸性和碱性环境中电极表面析氢的机制以及阶梯状边缘 MoS₂ 纳米片
阵列催化剂（se-MoS₂）催化 HER 的 Volmer-Tafel 和 Volmer-Heyrovsky
反应路径示意图和相应基元反应能垒图

能垒与反应中间体分别在 $MoS_2$ 和 $MoS_2/NiCo\text{-}LDH$ 表面标准吸附自由能（$\Delta G_{ad}^{\ominus}$）呈正相关，这表明中间体吸附能力在调节 $MoS_2$ 表面上的 HER 动力学中起着关键作用。本章首次介绍了具有协同催化作用的 $MoS_2/CoNi_2S_4$ 异质结构催化剂，在全 pH 值环境下获得了优异的 HER 性能。通过合理的理论设计和合成，获得的具有显著活性的 $MoS_2/CoNi_2S_4$ 催化剂，其在酸性和碱性环境中 $10mA/cm^2$ 下的析氢反应过电位仅为 78mV 和 81mV，这优于大多数已报道的高活性催化剂。

# 6.2 材料的制备及测试技术

## 6.2.1 材料的制备

$MoS_2$ 基复合材料（$MoS_2/CoNi_2S_4$、$MoS_2/NiS_2$ 和 $MoS_2/Co_3S_4$）可通过两步水热法在碳纤维纸（CFP）上合成。首先，CFP 基底用 $98\%H_2SO_4$ 预处理以去除其表面残留的金属。随后，将 1.6mmol $Ni(NO_3)_2 \cdot 6H_2O$、0.6mmol $Co(NO_3)_2 \cdot 6H_2O$、0.5mmol 尿素和 0.02mmol 柠檬酸三钠溶解在 40mL $N_2$ 饱和去离子水中。在连续 $N_2$ 流下搅拌混合物 0.5h 后，将混合溶液转移到 100mL Teflon 容器中，CFP（2cm×4cm）靠边放置。将 Teflon 容器密封并在室温下放置 2h，然后在 120℃ 下进行微波水热反应（2.45GHz）处理45min。Co-Ni 氢氧化物前驱体用超纯去离子水洗涤数次。最后，通过再一次水热反应合成出 $MoS_2/CoNi_2S_4$ 复合材料，合成过程为：将覆盖有 Co-Ni 氢氧化物前驱体的 CFP 浸入 40mL 含有 3mmol $Na_2MoO_4 \cdot 2H_2O$ 和 6mmol 硫代乙酰胺的去离子水中，将装有混合溶液的 Teflon 容器置于 180℃ 下反应12h，然后在 220℃ 反应24h。质量负载通过称量合成过程前后干燥的 CFP 质量获得，经计算 CFP 上 Co-Ni 氢氧化物前驱体负载量约为 $1mg/cm^2$，$MoS_2/CoNi_2S_4$ 负载量约为 $4mg/cm^2$。类似地，$MoS_2/NiS_2$ 和 $MoS_2/Co_3S_4$ 的合成方法与 $MoS_2/CoNi_2S_4$ 相同，不同之处在于合成 $MoS_2/NiS_2$ 时，不添加钴盐，合成 $MoS_2/Co_3S_4$ 时不添加镍盐。为了对比，还分别采用相同的方法合成了 $CoNi_2S_4$、$NiS_2$ 和 $Co_3S_4$，合成过程中不添加 $Na_2MoO_4$。$MoS_2$ 采用第二步水热反应条件直接一步合成。

## 6.2.2 材料结构表征方法

在飞利浦 PW-1830 衍射仪上用铜 $K_{\alpha}$ 辐射源（$K = 0.15418nm$）进行 XRD。XPS 是在 Perkin-Elmer 型号 PHI 5600 XPS 系统上测量的，分辨率为 0.3~0.5eV，采用单色铝阳极 X 射线源，具有 Mo $K_{\alpha}$ 辐射（1486.6eV）。FESEM 测试采用 JEOL JSM-6700F，加速电压为 5kV。SEM-EDS 由 JEOL JSM-6700F 在 10kV 下表征。TEM 和 HRTEM 在 JEOL-2100F 上以 200kV 表征。

### 6.2.3　材料性能测试方法

电化学测量使用 CHI 760E 电化学工作站（上海辰华仪器有限公司）进行，使用标准三电极电化学电池，以炭棒为对电极，在 0.5mol/L $H_2SO_4$ 和 1mol/L KOH 溶液中分别以银/氯化银和汞/氧化汞为参比电极。电化学惰性胶带用于限定 $1cm^2$ 电极面积。在相同条件下，在玻碳电极上测量负载量为 $0.05mg/cm^2$ 的商品化 Pt/C 催化剂（HISPECTM 4000，JM）。参比电极和 RHE 之间的电位差在以铂箔作为工作电极、以银/氯化银或汞/氧化汞作为对电极和参比电极的电池中，在高纯度（99.999%）纯 $H_2$ 饱和的 0.5mol/L $H_2SO_4$ 或 1mol/L KOH 水溶液中测量。在测量过程中，将高纯度 $H_2$ 鼓入电解质中，使电解质饱和。测量极化曲线前先扫几圈循环伏安曲线（CV），以吹走催化剂表面污染物，同时稳定催化剂。电化学阻抗谱是在 100kHz 至 10mHz 的频率范围内，10mV 的正弦电压振幅下进行的。在 0.1~0.2V 对 RHE 的电位范围内，通过不同扫描速率下的 CV 曲线估算双层电容。除另有说明外，所有极化曲线均经过 iR 校正。

### 6.2.4　密度泛函理论计算参数设置

采用 CASTEP 代码进行密度泛函理论计算，计算参数参见 5.2.4 节所述。体系的交换关联泛函采用基于广义梯度近似（GGA）的 Perdew-Burke-Ernzerhof 交互关联泛函（PBE）[269,270]，平面波函数动能的截断能为 330eV，并使用超软赝势描述内层电子与原子核对外层电子产生的势场。对于体系中氢、氧、镍、钴和钼原子，分别选择（1s）、（2s，2p）、（3s，3p）、（3d，4s）、（3d，4s）和（4s，4p，4d，5s）价电子结构。在结构驰骤过程中，设定原子受力与能量的收敛判据分别为 0.01eV/nm 和 $5×10^{-5}$eV，沿 z 轴方向加入 1.5nm 真空层。

## 6.3　催化剂结构及性能

### 6.3.1　催化剂的结构分析

动力学分析表明，动力学上有利的 HER 催化剂应该具有促进有效的 Volmer 和 Heyrovsky 步骤的中间体吸附能力的最佳 $H_{ad}$ 吸附能来平衡欠结合和过结合效应。从这个角度来看，对构建 $MoS_2/CoNi_2S_4$ 复合材料具有指导意义，使其具有高效吸附 H 和 OH 中间体的异质结构和调节 $H_{ad}$ 结合强度的最佳电子结构。进一步应用密度泛函理论（DFT）分析其电子结构。通过 $MoS_2(002)$ 和 $CoNi_2S_4(400)$ 之间的紧密连接，构成了电活性界面（IF）的局部结构（见图 6-2（c））。这种应变引起了结构的明显变形导致表面重建，特别是在界面区域。费米能级附近成键轨道和反键轨道的均匀分布使材料具有良好的电荷转移能力。为了更加深入了解电活性的原因，进一步解释了 $MoS_2/CoNi_2S_4$ 的不同区域的电子贡献。$MoS_2/CoNi_2S_4$ 中钼的分波态密度（PDOS）的演变从 $E_F$ 以下 $-6eV$ 到 $E_F$ 的宽范围内具有特征，这和金属相的 PDOS 很相似（见图 6-2（d））。与 $MoS_2$ 相比，$CoNi_2S_4$ 的引入也大大减少 Mo $4d$ 的 $e_g$ 和 $t_{2g}$ 之间的能量间隙。如此高的电活性不仅有助于 HER 过程，而且可作为一种宽范围的调节器，基于激活 $CoNi_2S_4$ 中镍和钴的局部电子结构来促进位点间电子转移。

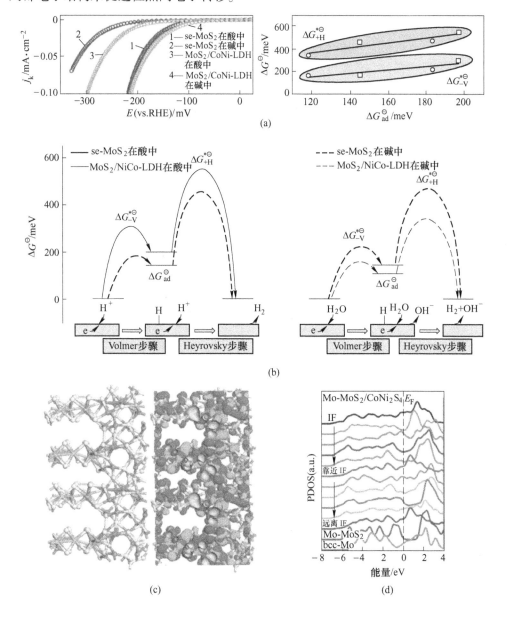

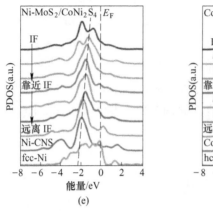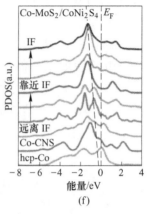

彩图

图 6-2　MoS$_2$ 基材料 HER 动力学和结构分析

(a) 在 1mol/L KOH 和 0.5mol/L H$_2$SO$_4$ 电解质中, 阶梯状边缘 MoS$_2$ 纳米片阵列
(se-MoS$_2$) 和 MoS$_2$/NiCo-LDH 析氢反应性能的动力学电流曲线以及反应中间体的
标准吸附自由能 ($\Delta G_{ad}^{\ominus}$) 与阶梯状边缘 MoS$_2$ 纳米片阵列
(se-MoS$_2$) 和 MoS$_2$/NiCo-LDH 的 Volmer 步骤 ($\Delta G_{-V}^{*}$) 和
Heyrovsky 步骤 ($\Delta G_{+H}^{*\ominus}$) 能垒之间的线性关系;

(b) 在 1mol/L KOH 和 0.5mol/L H$_2$SO$_4$ 电解质中, 阶梯状边缘 MoS$_2$ 纳米片阵列
(se-MoS$_2$) 和 MoS$_2$/NiCo-LDH 的主导 Volmer-Heyrovsky 途径反应能垒图;

(c) MoS$_2$/CoNi$_2$S$_4$ 的侧视图 (左图) 和 $E_F$ 附近的成键轨道 (蓝色,
扫二维码查看彩图) 和反键轨道 (绿色) 的实际空间轮廓图 (右图, 扫二维码查看彩图);

(d) 从界面 (IF) 到金属钼的钼分波态密度图; (e) 从界面 (IF) 到金属镍的镍分波态
密度图, CNS 代表 CoNi$_2$S$_4$ 本体; (f) 从界面 (IF) 到金属钴的钴分波态密度图

　　界面附近的相对不太活泼的镍已被钼的电子调制激活 (见图 6-2 (e))。随着越来越接近界面区域, Ni 3$d$ 能带从 –2.25eV 移至高处, 正向偏移约为 1.25eV, 这表明镍引起 MoS$_2$/CoNi$_2$S$_4$ 的界面区域对中间体的欠结合效应。相反, CoNi$_2$S$_4$ 中的钴的分波态密度位于 $E_F$ 附近的较高位置, 然而, 其在 MoS$_2$/CoNi$_2$S$_4$ 中的位置已经逐渐被抑制到界面区的较低位置, 具有 1.25eV 的负向偏移 (见图 6-2 (f))。这种抑制会优化钴引起的过结合效应, 以提高 H$_2$ 生成的效率。DFT 计算揭示了钼对镍和钴的电子调节作用, 这不仅激活了镍, 而且平衡了钴的过结合效应。优化的界面电子结构确保了 MoS$_2$/CoNi$_2$S$_4$ 催化剂在酸性和碱性环境中均具有高的 HER 性能。

　　在此指导下, 采用两步水热法制备了 MoS$_2$/CoNi$_2$S$_4$ 复合材料。第一步水热反应将 Co-Ni 氢氧化物前驱体直接生长在碳纤维纸基底上。第二步水热反应在生成 MoS$_2$ 同时实现 Co-Ni 氢氧化物前驱体的硫化合成出 MoS$_2$/CoNi$_2$S$_4$ 复合材料。

作为对照样品，$MoS_2$、$CoNi_2S_4$、$MoS_2/NiS_2$、$MoS_2/Co_3S_4$ 复合材料通过类似的方法制备。用场发射扫描电子显微镜（FESEM）对 $MoS_2/CoNi_2S_4$ 复合材料的微观结构进行表征。$MoS_2/CoNi_2S_4$ 复合材料的 FESEM 图显示了纳米片自组装成的棒状形貌，微棒被一层光滑表面均匀覆盖，如图 6-3（a）所示。对于 $MoS_2/NiS_2$、$MoS_2/Co_3S_4$ 复合材料也能看到类似的覆盖形貌。元素映射图证明了 $MoS_2/CoNi_2S_4$ 的表面上钼、钴、镍和硫的均匀分布。透射电子显微镜（TEM）显示 $CoNi_2S_4$ 主要覆盖在 $MoS_2$ 纳米片的边缘上，如图 6-3（a）所示。$MoS_2$ 纳米片上 $CoNi_2S_4$ 的良好覆盖表明，不仅表面上有大量的电催化活性位点，还有大量潜在的界面位点，这有利于催化剂保持良好稳定性。

进一步的高分辨透射电子显微镜（HRTEM）、X 射线衍射（XRD）和 X 射线光电子能谱（XPS）分析证明了 $MoS_2/CoNi_2S_4$ 复合材料的异质结构特性。在图 6-3（b）中，$MoS_2/CoNi_2S_4$ 的 HRTEM 图显示了 $MoS_2$（002）和 $CoNi_2S_4$（400）晶面之间清晰的异质结构。HRTEM 图中虚线正方形标记的区域（i）的快速傅里叶变换（FFT）图案显示出 $CoNi_2S_4$ 晶体的（220）（440）和（400）面的清晰反射，这与纯 $CoNi_2S_4$ 晶体的 FFT 图案一致。在图 6-3（b）的虚线标记区域（ii）的 FFT 图案反映了 $CoNi_2S_4$ 的（220）（440）和（400）面及 $MoS_2$ 的（002）和（110）面，确认了 $MoS_2$ 和 $CoNi_2S_4$ 之间的界面结构。$MoS_2/CoNi_2S_4$、$MoS_2/NiS_2$ 和 $MoS_2/Co_3S_4$ 复合材料可以通过 XRD 进一步证明（见图 6-3（c））。$MoS_2/CoNi_2S_4$ 复合材料样品的所有衍射峰与 $2H-MoS_2$ 和 $CoNi_2S_4$ 的标准图谱（JCPDS 号分别为 75-1539 和 24-0334）匹配良好，并且与 FFT 图案完全一致。图 6-3（d）~（f）中 Mo $3d$、Ni $2p$ 和 Co $2p$ 的 XPS 光谱揭示了 $MoS_2/CoNi_2S_4$、$MoS_2/NiS_2$ 和 $MoS_2/Co_3S_4$ 复合材料样品中这些元素的化学组成和表面电子状态。进行峰去卷积来拟合这些光谱。对于 Mo $3d_{5/2}$ 和 $3d_{3/2}$，典型的 $Mo^{4+}$ 峰分别位于 228.9eV 和 232.1eV。在 $MoS_2/Co_3S_4$ 样品中，也可以观察到 $Mo^{6+}$ $3d_{5/2}$ 在 232.8eV 和 $MoO_{3-x}$ $3d_{5/2}$ 在 230.7eV 处具有较高的能量峰（见图 6-3（d））[245, 277]。另外，Ni $2p$ 和 Co $2p$ 的 XPS 光谱揭示了镍元素的 $Ni^{2+}$、$Ni^{3+}$ 氧化态和钴元素的 $Co^{2+}$、$Co^{3+}$ 氧化态主要存在于 Ni/Co 比为 2.28:1 的 $MoS_2/CoNi_2S_4$ 复合材料中。与纯 $MoS_2$ 相比，$MoS_2/CoNi_2S_4$ 中的 Mo $3d$ 的结合能会有略微的偏移，与纯 $CoNi_2S_4$ 样品相比，$MoS_2/CoNi_2S_4$ 中的 Ni $2p$、Co $2p$ 也都有略微的偏移，这为 $MoS_2$ 和 $Co_3S_4$ 之间的电子相互作用提供了重要证据[9]。

## 6.3.2 催化剂电化学性能分析

采用扫描速率为 5mV/s 的线性扫描伏安曲线（LSV）表征了 $MoS_2/CoNi_2S_4$、$MoS_2/NiS_2$ 和 $MoS_2/Co_3S_4$ 复合催化剂分别在酸性和碱性电解质中的 HER 催化行

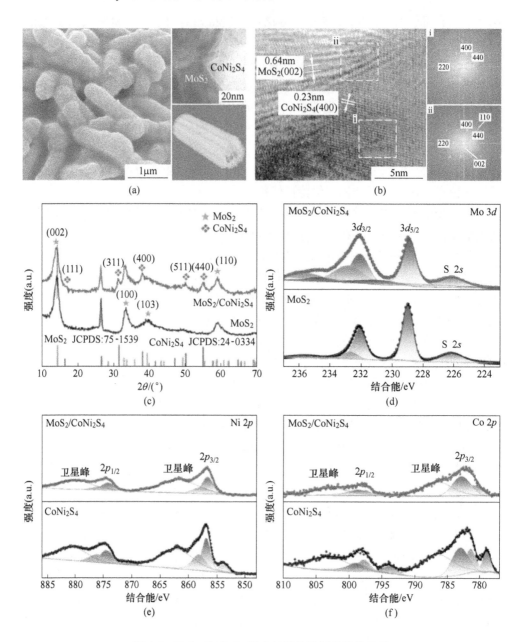

图 6-3 MoS₂/CoNi₂S₄ 复合材料的形貌和结构表征

（a）合成的 MoS₂/CoNi₂S₄ 复合材料的 SEM 图，插图是 MoS₂/CoNi₂S₄ 复合材料的 TEM 图和示意图；
（b）MoS₂/CoNi₂S₄ 的高分辨率 TEM 图，插图是图中虚线正方形标记的选定区域的相应快速傅里叶变换图案；
（c）MoS₂ 和 MoS₂/CoNi₂S₄ 的 XRD 光谱比较；（d）~（f）分别为纯 MoS₂、CoNi₂S₄ 和
MoS₂/CoNi₂S₄ 复合材料的 Mo 3d、Ni 2p 和 Co 2p 的 XPS 光谱

为，如图 6-4 (a) 和 (b) 所示。为了进行比较，单独的 $MoS_2$、$CoNi_2S_4$、$NiS_2$、$Co_3S_4$ 和商品化 Pt/C 也在相同的条件下进行了测试。在 $H_2$ 饱和的 1mol/L KOH 溶液中，$MoS_2$/金属硫化物复合材料相较于 $MoS_2$、$CoNi_2S_4$、$NiS_2$、$Co_3S_4$ 催化剂显示出大大降低的过电位和显著提高的电流密度，表明 $MoS_2$/$CoNi_2S_4$、$MoS_2$/$NiS_2$、$MoS_2$/$Co_3S_4$ 复合材料的 HER 电催化性能明显优于这些单独的 $MoS_2$、$CoNi_2S_4$、$NiS_2$、$Co_3S_4$ 催化剂，在高电流密度范围内，$MoS_2$/金属硫化物复合材料的 HER 催化性能甚至优于商品化 Pt/C 催化剂。其中，$MoS_2$/$CoNi_2S_4$ 表现出最好的 HER 电催化活性，在 $10mA/cm^2$ 下过电位为 78mV，优于 $MoS_2$/$NiS_2$ (111mV) 和 $MoS_2$/$Co_3S_4$ (152mV) 的过电位，且在整个电压范围内催化电流密度最高，揭示了对电催化活性位点电子结构调控的关键作用。$MoS_2$/$CoNi_2S_4$ 的 Tafel 斜率为 67mV/dec，远小于其两种组分 $MoS_2$ (95mV/dec) 和 $CoNi_2S_4$ (145mV/dec) 催化剂，表明 $MoS_2$/$CoNi_2S_4$ 的优异 HER 催化反应动力学 (见图 6-4 (b))。此外，$MoS_2$/$CoNi_2S_4$、$MoS_2$/$NiS_2$ 和 $MoS_2$/$Co_3S_4$ 复合催化剂的 Tafel 斜率均在 39~116mV/dec 范围内，表明析氢催化的速率决定步骤是这些催化剂表面上的电荷转移诱导的水离解步骤，其中 Volmer 步骤和 Heyrovsky 步骤在动力学速率上是相似的[9]。

析氢催化行为能通过电化学阻抗谱 (EIS) 进一步研究。EIS 的结果进一步证明了 $MoS_2$/$CoNi_2S_4$ 的出色 HER 催化反应动力学，其中 Nyquist 谱显示了在 200mV 的过电位下，$MoS_2$/$CoNi_2S_4$ 在所测试的催化剂中具有最小的电荷转移电阻，表明了其优异的界面电荷转移动力学。为了获得 $MoS_2$/$CoNi_2S_4$、$MoS_2$/$NiS_2$、$MoS_2$/$Co_3S_4$ 复合催化剂的本征活性，消除电化学活性表面积 (ECSA) 的贡献并计算周转频率 (TOF) 至关重要。双电层电容 $C_{dl}$ 可用于评估过渡金属化合物的 ECSA[240]，$MoS_2$/$CoNi_2S_4$ 的 $C_{dl}$ 值 ($122.1mF/cm^2$) 与 $MoS_2$ ($123.3mF/cm^2$) 接近，表明 $MoS_2$/$CoNi_2S_4$ 催化剂增强的 HER 性能与其电化学活性表面积关系不大，而是 $MoS_2$ 表面上 $CoNi_2S_4$ 的引入本质上改变了析氢催化作用。假设所有的钼位点在 HER 过程中都是电化学活性的[254]，计算出 $MoS_2$/$CoNi_2S_4$ 复合材料在 200mV 过电位下的 TOF 达到了 $2.7s^{-1}$，是 $MoS_2$ 催化剂 TOF 值 ($0.2s^{-1}$) 的 13 倍多，证明了 $MoS_2$/$CoNi_2S_4$ 复合材料的本征催化活性大大增强，与 $MoS_2$/$CoNi_2S_4$ 异质结构的协同催化效应有关。

在 $H_2$ 饱和的 0.5mol/L $H_2SO_4$ 溶液中，$MoS_2$ 在 $10mA/cm^2$ 下表现出 166mV 的过电位，Tafel 斜率为 75mV/dec，接近文献中水热合成 $MoS_2$ 的报道值 (见图 6-4 (c) 和 (d))[110]。然而，$MoS_2$ 的 HER 催化活性在与 $CoNi_2S_4$ 复合后得到显著提高，$MoS_2$/$CoNi_2S_4$ 在 $10mA/cm^2$ 下的过电位低至 81mV 证明了这一点。所获得的催化剂的 Tafel 斜率都在 39~116mV/dec 范围内。ECSA 归一化 HER 极

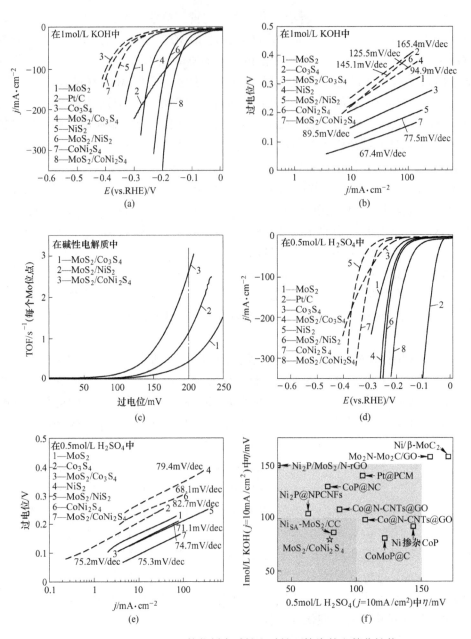

图 6-4    MoS$_2$/CoNi$_2$S$_4$ 催化剂在碱性和酸性环境中的电催化性能

在 KOH （1mol/L） 和 H$_2$SO$_4$ （0.5mol/L） 电解质中，MoS$_2$、Co$_3$S$_4$、NiS$_2$、CoNi$_2$S$_4$ 和 MoS$_2$/Co$_3$S$_4$、
MoS$_2$/NiS$_2$ 和 MoS$_2$/CoNi$_2$S$_4$ 复合催化剂和商品化 Pt/C 的 （a，d） 极化曲线和 （b，e） 相应的 Tafel 曲线；
（c） 在 1mol/L KOH 电解质中 MoS$_2$/Co$_3$S$_4$，MoS$_2$/NiS$_2$ 和 MoS$_2$/CoNi$_2$S$_4$ 复合催化剂的周转频率 （TOF）；
（f） 相关报道中镍、钴和 MoS$_2$ 基复合催化剂分别在酸性和碱性电解液中产生
10mA/cm$^2$ 的电流密度所需的过电位

化曲线显示了 $MoS_2$/金属硫化物复合材料分别在酸性和碱性电解质中相似的 HER 活性趋势。在 0.5mol/L $H_2SO_4$ 溶液中 200mV 的过电位下，$MoS_2$/$CoNi_2S_4$ 复合材料的 TOF 为 1.7s⁻¹。图 6-4（f）总结了在酸性和碱性环境中最具活性的钼、镍和钴基催化剂在 10mA/cm² 时的过电位。显然，$MoS_2$/$CoNi_2S_4$ 复合材料的这些能量指标优于或至少可与在碱性或酸性电解质中最具活性的 HER 电催化剂相当，$MoS_2$/$CoNi_2S_4$ 复合材料优于大多数已报道的非贵金属 HER 催化剂。此外，在所测试的催化剂中，$MoS_2$/$CoNi_2S_4$ 复合材料在酸性和碱性电解质中均表现出最低的过电位（10mA/cm² 时 0.5mol/L $H_2SO_4$ 中的过电位为 81mV，1mol/L KOH 中的过电位为 78mV），甚至明显比大多数最新报道的高活性全 pH 值范围催化剂的过电位更低，表明 $MoS_2$/$CoNi_2S_4$ 复合材料的 HER 电催化性能是属于非贵金属全 pH 值催化剂的最佳范围[149, 166, 278~288]。

结合电化学测量来验证 $MoS_2$/$CoNi_2S_4$ 催化剂的电催化稳定性。在计时电位法测量过程中，Pt/C 催化剂在碱性电解质中保持 10mA/cm² 持续反应 48h，过电位增加 150mV，在酸性电解质中保持 10mA/cm² 持续反应 18h，过电位增加超过 15mV（见图 6-5（a）和（b））。有趣的是，计时电位测试表明 $MoS_2$/$CoNi_2S_4$ 复合催化剂保持 10mA/cm² 持续反应 48h，仍表现出出色的长期运行稳定性，在 1mol/L KOH 和 0.5mol/L $H_2SO_4$ 电解质中过电位均没有明显增加。另外，保持 10mA/cm² 运行 48h 后，$MoS_2$/$CoNi_2S_4$ 复合催化剂的 ECSA 和形貌几乎没有差异。同时，$MoS_2$/$CoNi_2S_4$ 催化剂的 HER 催化性能在初始和长期耐久性实验后没有显示出明显的差异，表明 $MoS_2$/$CoNi_2S_4$ 催化剂在碱性和酸性介质中的均具有优异的电催化稳定性。使用 XPS 表征进一步测试了 $MoS_2$/$CoNi_2S_4$ 催化剂在 1mol/L KOH 中 10mA/cm² 持续运行 48h 后的结构变化，如图 6-5（c）~（f）所示。$MoS_2$/$CoNi_2S_4$ 复合材料的高分辨 XPS Ni 2p 和 Co 2p 谱表明，在耐久性测试之后镍（$Ni^{3+}$）的高价态组分浓度降低，而钴（$Co^{3+}$）的高价态组分浓度增加，揭示了位点之间的电子转移和表面的电荷再分布。在耐久性测试之后，$Mo^{6+}$ 的双峰减少，并且 $MoO_{3-x}$ 的双峰消失，而 $Mo^{4+}$ 的双峰强度增加，这可能是通过界面化学键的相似电子转移引起的。在 48h 的耐久性测试后，$MoS_2$/$CoNi_2S_4$ 复合材料的硫组分没有变化。$MoS_2$/$CoNi_2S_4$ 复合材料的优异电催化活性和长期稳定性，进一步证实其作为全 pH 值范围的 HER 催化剂具有巨大应用前景。

为了深入理解 $MoS_2$/$CoNi_2S_4$ 复合材料在全 pH 值环境下均表现出较优 HER 性能的原因，进行了双路径动力学分析和 DFT 计算。建立 HER 双路径反应动力学模型，对 $MoS_2$/$CoNi_2S_4$ 复合材料的动力学电流进行动力学分析，以评估其在酸性和碱性介质中 HER 三个基本反应步骤（Volmer、Heyrovsky 和 Tafel 步骤）的能垒[9, 264, 266]。如图 6-6（a）所示，在酸性和碱性环境中，$MoS_2$/$CoNi_2S_4$ 表

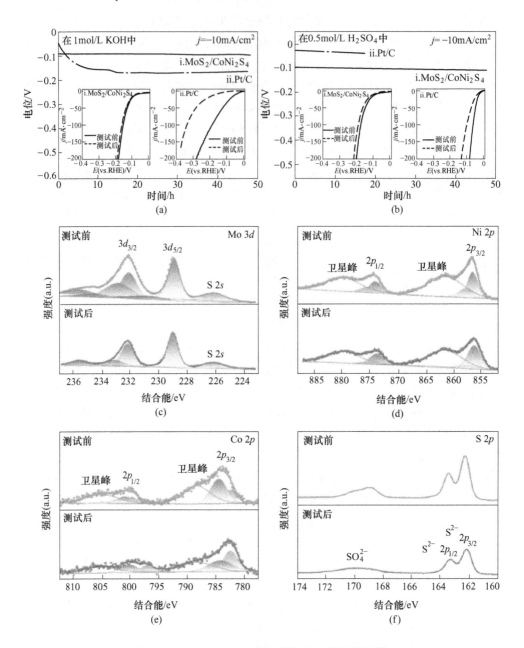

图 6-5 MoS₂/CoNi₂S₄ 催化剂的 HER 稳定性评估

（a）（b）分别为商品化 Pt/C 和 MoS₂/CoNi₂S₄ 催化剂在 1mol/L KOH 和 0.5mol/L H₂SO₄

溶液中的计时电压曲线，插图（i）MoS₂/CoNi₂S₄ 和（ii）商品化 Pt/C 为材料在相应条件下稳定

性测试前后的极化曲线对比；（c）~（f）分别为 MoS₂/CoNi₂S₄ 复合材料在 1mol/L KOH 溶液中保持

$-10mA/cm^2$ 计时电位测试 48h 前后的 Mo 3$d$、Ni 2$p$、Co 2$p$ 和 S 2$p$ XPS 光谱

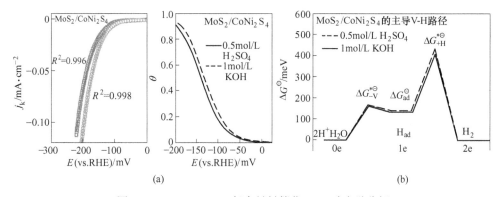

图 6-6 MoS₂/CoNi₂S₄ 复合材料催化 HER 动力学分析

（a）MoS₂/CoNi₂S₄ 复合材料分别在酸性和碱性环境中的反应动力学拟合电流密度和 H$_{ad}$ 的表面覆盖率；

（b）MoS₂/CoNi₂S₄ 复合材料在酸性和碱性环境中发生催化析氢反应各基元反应能垒图

面上活性反应中间体 H$_{ad}$ 的覆盖率 $\theta$ 相似并且处于较高的水平，表明活性位点的高本征反应活性。基元反应步骤能垒图表明，在酸性和碱性环境中，MoS₂/CoNi₂S₄ 表面发生析氢反应的主导路径为 Volmer-Heyrovsky（V-H）途径，其中 Heyrovsky 步骤的活化能比 Tafel 步骤低得多，这与 Tafel 斜率分析一致（见图 6-6（b））。在酸性和碱性环境中相对较低的 $\Delta G_{ad}^{\ominus}$ 值表明 MoS₂/CoNi₂S₄ 表面对反应活性中间体的吸附较强，有利于反应物 H₂O 分子中 H—O 键的断裂，加快催化剂表面 Volmer 和 Heyrovsky 基元反应动力学。事实上，在酸性环境中，MoS₂/CoNi₂S₄ 的 Heyrovsky 和 Volmer 步骤能垒略低于之前报道的阶梯状边缘 MoS₂ 纳米片阵列的反应能垒，表明在酸性介质中 MoS₂/CoNi₂S₄ 的 HER 动力学比 se-MoS₂ 更快。此外，在碱性环境中 MoS₂/CoNi₂S₄ 的 Heyrovsky 和 Volmer 步骤的活化能远低于 se-MoS₂，证明 MoS₂ 和 CoNi₂S₄ 的复合加速了碱性环境中 HER 的电荷转移诱导水离解步骤。

综上所述，基于理论计算指导和合理实验设计，本章介绍的工作首次提出了以动力学为导向设计低成本、高活性和稳定性，并能广泛适用于全 pH 值范围的 HER 催化剂的方法。DFT 分析表明，MoS₂/CoNi₂S₄ 中钼对镍和钴具有电子调节作用，这不仅激活了镍，使镍位点对反应中间体的吸附增强，同时还减轻了钴对中间体的过度结合。归因于这一理想的电子结构，MoS₂/CoNi₂S₄ 复合催化剂实现了在碱性环境中对 H 和 OH 的有效吸附和在酸性环境中对 H$_{ad}$ 的最佳结合强度，可作为全 pH 值范围的优异 HER 电催化活性，表现出高活性和高稳定性。双路径反应动力学分析证实材料具有高的本征催化活性和较快的反应动力学。MoS₂/CoNi₂S₄ 复合催化剂的性能优于大部分最近报道的全 pH 值范围的 HER 电催化剂。

# 7 低成本、高稳定性析氧反应催化剂

大规模合成廉价高效的析氧（OER）电催化剂是工业电解水制氢的关键。本章介绍了一种千克级规模化制备的铁钴双金属聚酞菁（FeCo-PPc）催化剂，该催化剂具有非常优异的 OER 催化性能，且每千克成本不到 600 元。铁钴双金属聚酞菁（FeCo-PPc）催化剂成本仅为 $IrO_2$ 催化剂的 1/5000，但其本征催化活性却是 $IrO_2$ 催化剂的 24 倍多[289]。而且，FeCo-PPc 催化剂表现出非常优异的稳定性，在 $100mA/cm^2$ 下催化 OER 反应超过 100h，性能无明显变化，甚至在 6mol/L KOH、85℃ 的极端条件和 $500mA/cm^2$ 超高电流密度下，仍能保持长时间稳定工作。FeCo-PPc 催化剂优异的 OER 催化性能归因于金属间强烈的电子相互作用，调节相邻原子的电子云密度，形成活性位点，促进反应的进行。

## 7.1 概　述

氢作为最清洁的燃料之一，在实现碳中和伟大目标中发挥着核心作用。电化学裂解水被认为是一种非常理想的产氢途径。然而，缓慢的四电子转移析氧反应（OER）极大地阻碍了高效电解水的实现。目前，$IrO_2$ 和 $RuO_2$ 等贵金属氧化物已被证明是最有效的 OER 电催化剂，但其成本高（每克 $IrO_2$ 约 500 美元，$RuO_2$ 约 140 美元）、资源有限、稳定性差，极大地限制了其商业应用[240, 290~292]。因此，大规模合成低成本、高性能的 OER 催化剂是加快电解水工业化进程的关键。

近年来，人们致力于开发高效的非贵金属基催化剂，如金属有机框架（MOF）、高熵合金（HEA）、层状双氢氧化物（LDH）、共价有机框架化合物（COF）、金属共价有机框架化合物（MCOF）、过渡金属硫化物和过渡金属碳化物（TMC）等。在众多先进的 OER 催化剂中，MOF 因其结构可调、比表面积大、电性能可控而受到广泛关注。目前开发 OER 催化剂的有效策略主要集中在提高 MOF 的固有活性和增加表面活性位点上。金属聚酞菁（M-PPc）是由氧化态可调的过渡金属中心和大环配体框架组成的共轭芳香结构。理论研究表明，酞菁环中氮原子的强电负性可以调节相邻原子的电子云密度，形成金属-氮活性位点，促进反应物的吸附。最近，Wang 等人以 NiFe-PPc 为前驱体制备的氮掺杂碳载 Ni-Fe 纳米颗粒，表现出良好的电催化活性[293]。Li 等人以 FeZn-PPc 为前驱体制备了具有原子分散 $Fe-N_4$ 催化位点的氮掺杂多孔碳材料，该催化剂同样表现出良好的 OER、析氢反应（HER）和氧还原反应（ORR）催化活性[294]。以 M-PPc 为前驱体，通过酸洗和热解制备的双金属氮掺杂多孔石墨碳网络（M-NC），表现出良好的电催化 ORR 活性[295]。Wang 等人以边缘修饰的 Co-PPc 为前驱体，通过球磨法得到了均匀的超薄层共轭芳香网络，表现出良好的 ORR 活性[296]。此外，在氩气流动条件下，在 400℃烧结 Fe-PPc，得到 ORR 活性较好的碳基催化剂[297]。采用 Co-PPc 包覆碳纳米管制备了高效电催化 $CO_2$ 还原的无机-有机杂化催化剂[298]。已有的研究大多数都集中在以 M-PPc 为模板或前驱体通过高温热解碳化的方法制备高效电催化剂上，很少有 M-PPc 材料直接被用于 OER 电催化的报道。本章介绍了用于高效 OER 电催化的每克成本不到 0.1 美元的铁钴双金属聚酞菁（FeCo-PPc）催化剂。

# 7.2 材料的制备及测试技术

## 7.2.1 FeCo-PPc、Fe-PPc、Co-PPc 和无金属 PPc 的制备

FeCo-PPc 材料的制备方法如下[295,296]：首先将 3.4mol 均苯四酸酐（PMDA）、20mol 尿素、6mol $NH_4Cl$、0.7mmol $H_{24}Mo_7N_6O_{24} \cdot 4H_2O$、0.74mol $FeCl_3 \cdot 6H_2O$ 和 0.74mol $CoCl_2 \cdot 6H_2O$ 充分研磨并混合均匀。混合物放入坩埚中并在马弗炉中以 3℃/min 的升温温度速率升温到 220℃下加热 3h。冷却至室温后，用去离子水、丙酮和乙醇交替洗涤多次，样品置于 60℃烘干 12h。Fe-PPc 和 Co-PPc 的制备过程与 FeCo-PPc 相似，只是在制备 Fe-PPc 时，不添加 $CoCl_2 \cdot 6H_2O$，在制备 Co-PPc 时，不添加 $FeCl_3 \cdot 6H_2O$。此外，还制备了不添加金属氯化物的无金属 PPc 作为对照。

## 7.2.2 材料结构表征方法

采用 Rigaku D/Max-2200 在 40kV，40mA $CuK_\alpha$ 辐射下获得了粉末 X 射线衍射图谱。采用 PHI5500 XPS 能谱仪对 $MoK_\alpha$（1486.6eV）辐射的单色铝阳极 X 射线源进行了分辨率为 0.3~0.5eV 的 X 射线光电子能谱（XPS）分析。所有的 XPS 光谱采用 C $1s$ 为 284.80eV 处的峰进行校准。在 5kV 加速电压下，用 Nona-Nano SEM450 进行了场发射扫描电子显微镜（FESEM）表征。采用 Tecnai G2 TF30 在 300kV 下进行了透射电子显微镜（TEM）、高分辨率透射电子显微镜（HRTEM）和高角度环形暗场扫描透射电子显微镜-能量色散 X 射线能谱（HAADF-STEM-EDX）表征。FT-IR 光谱（KBr 压片）在热电子 NEXUS 670 FT-IR 光谱仪上进行。在 PE Avio 200 上采用电感耦合等离子体发射光谱（ICP-OES）测定了样品中铁和钴的含量。ICP 质谱（ICP-MS）在 1150W 的 iCAP Qc 光谱仪上测量。

### 7.2.3   材料性能测试方法

电化学测量在 CHI760E 工作站（上海辰华仪器有限公司）上进行，使用标准的三电极电化学池，分别以铂片和 Hg/HgO 作为对电极和参比电极。将 25μL 催化剂滴液滴在经预处理的干净泡沫镍（NF）或碳纸（CP）基底上，电极片在室温下干燥备用。为了便于对比，同时配制出商品化 $IrO_2$ 催化剂滴液，配制方法如下：将 4mg $IrO_2$ 添加到 1.5mL 去离子水、0.5mL 0.5%Nafion 水溶液和 2mL 异丙醇的混合溶液中，超声 0.5h。通过将 50μL 混合均匀的 $IrO_2$ 催化剂滴液涂在预处理好的 NF 基底上以形成 $IrO_2$ 电极。制备的催化剂和 $IrO_2$ 的最终质量负载分别为 1mg/cm² 和 0.1mg/cm²。

在可逆氢电极（RHE）校准中，以 Hg/HgO 作为参比电极，铂片作为工作电极和对电极，在 1.0mol/L KOH 溶液中测量 Hg/HgO 和 RHE 之间的电位差。在 $O_2$ 饱和的 1.0mol/L KOH 溶液中，以 1mV/s 的扫描速率得到极化曲线。在 0.1~0.2V（vs. RHE）的电位范围内，用不同扫描速率（10~50mV/s）下的 CV 曲线推导出双层电容（$C_{dl}$）。除另有说明外，所有极化曲线均经过 IR 校正。电化学阻抗谱（EIS）记录的应用电位为 1.53V vs. RHE 从 100kHz 至 10mHz。在 1.0mol/L KOH 中，以碳棒作为对电极，在 100mA/cm² 的恒定电流密度下，在室温下绘制了计时电位（CP）响应曲线。在工业操作条件下，以炭棒为对电极，以 6.0mol/L KOH 为电解质，在 85℃下分别维持 100mA/cm² 和 500mA/cm² 的高电流密度下进行计时电位测试。

## 7.3   催化剂结构及性能

### 7.3.1   催化剂的结构分析

采用马弗炉一步固相法制备出金属聚酞菁（M-PPc、M = Fe、Co）催化剂[293, 295, 296]，如图 7-1 所示。在此过程中，酞菁单体通过与有机配体 PMDA 官能团偶联转化为聚合物。通过添加 $FeCl_3 \cdot 6H_2O$ 和 $CoCl_2 \cdot 6H_2O$，采用固相法可实现 FeCo-PPc 的千克级大规模合成，成本不到 600 元/kg，产率高达 90.1%。如图 7-2（a）所示，FeCo-PPc、Fe-PPc、Co-PPc 和 PPc 样品具有与文献中 PPc 基材料相同的 X 射线衍射（XRD）谱图，表明成功合成出聚酞菁 MOF 结构[295, 299, 300]。FeCo-PPc 样品的 XRD 谱图在 $2\theta$ = 17.3°、18.4°、18.9°、25.7°、29.5° 和 30.4° 处的主衍射峰分别属于 β-M-PPc 的（200）面、（001）面、（101）面、α-M-PPc 的（310）面、（001）面和（101）面，XRD 谱可去卷积成两种 π-π 堆叠晶型：（1）α-M-PPc，呈 P4/mmm 空间群，晶格参数为 $a = b = 1.0578823$nm，$c =$

0.3044001nm，$\alpha = \beta = \gamma = 90°$；（2）β-M-PPc，具有 $I4/mmm$ 空间群，晶格参数 $a = b = 1.097987$nm，$c = 0.5189102$nm，$\alpha = \beta = \gamma = 90°$。FT-IR 分析了金属聚酞菁的官能团和分子结构。图 7-2（b）为 FeCo-PPc、Fe-PPc、Co-PPc 和 PPc 样品的 FT-IR 谱图，1699cm$^{-1}$、1465cm$^{-1}$ 和 1371cm$^{-1}$ 处的信号峰与酞菁骨架相关，1308cm$^{-1}$ 和 1150cm$^{-1}$ 处为 C—N 伸缩振动峰，1699cm$^{-1}$ 处为碳—碳双键（C＝C）芳香族伸缩峰[293,296,297,301]。C—H 基团在 638～764cm$^{-1}$ 处的摆动和扭转振动，以及在 1063～1465cm$^{-1}$ 处的异吲哚环的拉伸振动均明显可见。FeCo-PPc、Fe-PPc、Co-PPc 样品在 945cm$^{-1}$ 处出现新的信号峰，而在 PPc 中没有，这一信号峰与金属-配体（M—N 键）的振动有关，表明金属与 M-PPc 基体中成功配位[293,296,301]。

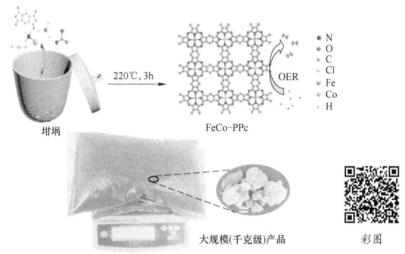

图 7-1 FeCo-PPc 的合成示意图及得到的 FeCo-PPc 催化剂的图片和 SEM 图

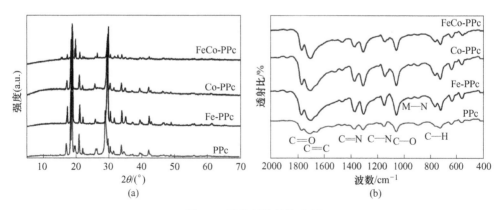

图 7-2 催化剂的结构表征

（a）FeCo-PPc、Fe-PPc、Co-PPc 和 PPc 样品的 XRD 谱图；

（b）FeCo-PPc、Fe-PPc、Co-PPc 和 PPc 样品的红外光谱图

透射电子显微镜（TEM）图片（见图7-3（a））显示了所制备的FeCo-PPc具有层叠结构。图7-3（b）为FeCo-PPc的HRTEM图片，图中可见高度有序的晶格条纹，说明材料的结晶性良好。条纹间距为0.265nm，对应于α-M-PPc的(410)晶面。HAADF-STEM-EDX面扫图（见图7-3（c）～（g））显示出碳、氮、铁、钴元素分布在FeCo-PPc的整个区域，且分布较为均匀。ICP-OES分析确定FeCo-PPc样品中Fe/Co原子比约为1∶1.22，与Fe/Co的投料比（1∶1）基本一致。

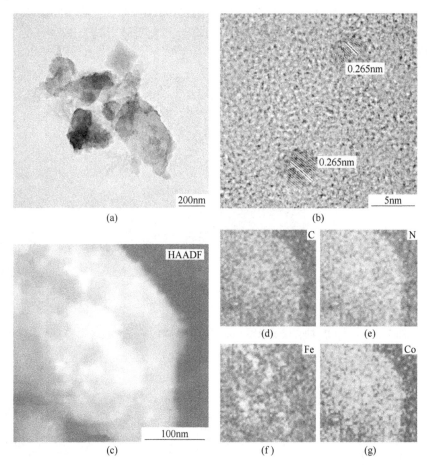

图7-3 FeCo-PPc催化剂的形貌表征

(a) TEM图像；(b) HRTEM图像；(c) HAADF-STEM图像；
(d) ～ (g) 碳、氮、铁、钴对应的元素面扫图

XPS表征证实了在FeCo-PPc、FeCo-PPc、Fe-PPc和Co-PPc样品中非金属（碳、氮、氧）和金属（铁、钴）元素的存在，摩尔分数为C 65.9%、O 16.7%、N 15.4%、Fe 0.9%、Co 1.0%。在C 1s XPS谱中（见图7-4（a）），284.7eV的

主导峰对应于 C＝C/C—C 物种，286.1eV 和 288.1eV 的峰分别对应于 C—N 和 C＝O。FeCo-PPc、Fe-PPc、Co-PPc 样品的 XPS N 1s 精细谱（见图 7-4（b））中，400.8eV、399.4eV 和 398.7eV 位置的峰分别对应于 M—N 键（M＝Co、Fe），连接成环的氮原子（$N_\beta$）和与中心金属原子毗邻的氮原子（$N_\alpha$），也证实了金属酞菁的金属-氮配位框架结构[300, 302, 303]。图 7-4（c）所示的 FeCo-PPc 的 Fe 2p 谱证明样品中 $Fe^{2+}$（710.9eV 和 725.1eV）和 $Fe^{3+}$（713.2eV 和 727.6eV）的存在[304]。与 Fe-PPc 相比，FeCo-PPc 的 Fe $2p_{3/2}$ 和 $2p_{1/2}$ 的电子结合能向高能方向移动（$\Delta E = 0.74eV$），可见随着钴中心电子密度的增加，材料电子结构发生变化，这有利于 OER 活性的提高[305,306]。分析 XPS Co 2p 谱可定量计算出样品中 $Co^{2+}/Co^{3+}$ 比例，与 Co-PPc（$Co^{2+}/Co^{3+} \approx 3.83/1$）相比，FeCo-PPc（$Co^{2+}/Co^{3+} \approx 4.3/1$）中 $Co^{3+}$ 含量有所降低[307,308]。与单金属 Fe-PPc 和 Co-PPc 样品相比，双金属 FeCo-PPc 中铁和钴的 2p 谱的电子结合能均向高能方向移动，可见 FeCo-PPc 材料中钴和铁之间存在很强的电子相互作用。

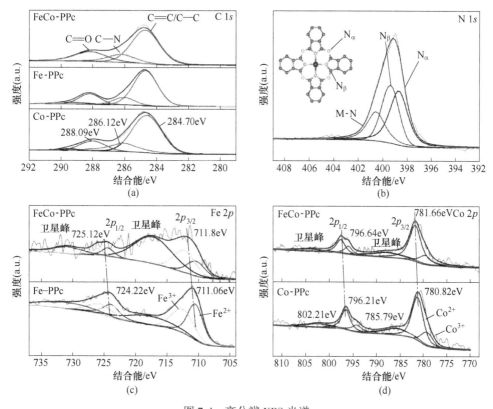

图 7-4　高分辨 XPS 光谱

（a）FeCo-PPc，Fe-PPc 和 Co-PPc 的 C 1s 谱；（b）FeCo-PPc 的 XPS N 1s 谱；
（c）FeCo-PPc 和 Fe-PPc 的 XPS Fe 2p 谱；（d）FeCo-PPc 和 Co-PPc 的 XPS Co 2p 谱

### 7.3.2　催化剂电化学性能分析

采用三电极体系在 1.0mol/L KOH 溶液中研究了 FeCo-PPc、Fe-PPc 和 Co-PPc 样品的室温电催化 OER 性能。由图 7-5 （a） 的极化曲线可以看出，在电流密度为 20mA/cm$^2$ 时，双金属 FeCo-PPc 催化剂的过电位显著低于 Fe-PPc （346mV）、Co-PPc （419mV）、PPc （434mV） 和 IrO$_2$ （365mV） 的过电位，仅为 232mV。在 500mA/cm$^2$ 的高电流密度下，FeCo-PPc 催化剂的过电位低至308mV，明显优于商品化 IrO$_2$（588mV） 催化剂。FeCo-PPc 优异的 OER 活性可归因于钴和铁之间强烈的电子相互作用和氮原子的电负性，可调节相邻原子的电子云密度，形成活性位点促进反应物的吸附[293,294, 302]。FeCo-PPc、Fe-PPc、Co-PPc、PPc 和 IrO$_2$ 催化剂的 Tafel 斜率分别为 42.86mV/dec、55.7mV/dec、83.26mV/dec、82.6mV/dec 和 100.15mV/dec （见图 7-5 （b）），FeCo-PPc 更低的 Tafel 斜率证明其 OER 动力学更快。电催化剂的电化学活性表面积 （ECSA） 与电化学双层电容 $C_{dl}$ 成正比，FeCo-PPc 测得的 $C_{dl}$ 值为 52.33mF/cm$^2$，高于其他样品，表明暴露在 FeCo-PPc 表面的活性位点较多，OER 活性较高。为了进一步说明催化 OER 过程中的电极反应动力学，进行了电化学阻抗谱 （EIS） 研究。如图 7-5 （d） 所示，FeCo-PPc 在过电位为 300mV 时的电荷转移电阻 $R_{ct}$ 约为 0.901Ω，比 Fe-PPc、Co-PPc、PPc 和 IrO$_2$ 催化剂小得多。表明在电化学反应过程中，FeCo-PPc 表面的电荷转移要快得多。这些结果有力地证明了 FeCo-PPc 对 OER 的良好活性。转换频率 （TOF） 与催化剂的本征催化活性密切相关，如图7-6 （a）所示，FeCo-PPc 催化剂在过电位为 300mV 时的 TOF 值为 0.417s$^{-1}$，是商品化 IrO$_2$ 的 （0.0177s$^{-1}$） 24 倍多。

对于一种实用的电催化剂，在高电流密度下长期使用仍能保持良好的稳定性是很重要的。图 7-7 （a） 中的计时电位曲线表明，FeCo-PPc 催化剂在电流密度为 100mA/cm$^2$ 的 OER 测试 24h 后，具有良好的耐久性，电势变化可以忽略不计（见图 7-7 （b））。对比稳定性测试 24h 后的极化曲线可以发现，所制备的 FeCo-PPc 催化剂 OER 性能无明显变化，但商品化 IrO$_2$ 催化剂性能明显降低，可见 FeCo-PPc 具有比商品化 IrO$_2$ 催化剂更高的稳定性 （见图 7-7 （c） （d））。稳定性测试后 FeCo-PPc 的 $C_{dl}$ 值为 46.3mF/cm$^2$，与稳定性测试前的 $C_{dl}$ 值 （52.33mF/cm$^2$） 接近，说明稳定性测试后催化剂仍能保持其电化学活性表面积。FeCo-PPc 催化剂在电流密度为 100mA/cm$^2$ 时运行 100h 以上，其过电位无明显增大 （见图 7-8）。更重要的是，FeCo-PPc 在 6mol/L KOH 和 85℃的极端电解水条件下，保持 100mA/cm$^2$ 和 500mA/cm$^2$ 的超大电流密度长时间运行，过电位仅增加了 4mV，可见其优异的 OER 催化稳定性 （见图 7-9）。

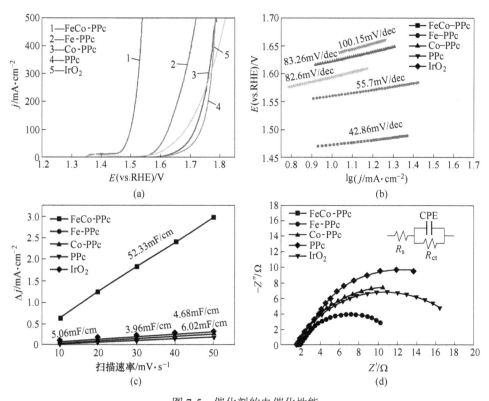

图 7-5 催化剂的电催化性能

FeCo-PPc、Fe-PPc、Co-PPc、PPc 和 IrO$_2$ 催化剂在 1mol/L KOH 溶液中的

（a）极化曲线；（b）Tafel 图；（c）$C_{dl}$图；（d）Nyquist 图

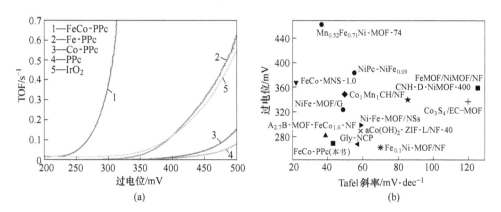

图 7-6 不同过电位下 FeCo-PPc、Fe-PPc、Co-PPc、PPc 和 IrO$_2$ 的 TOF 曲线（a）

及制备的 FeCo-PPc 催化剂文献报道的 MOFs 基 OER 电催化剂的性能比较（b）

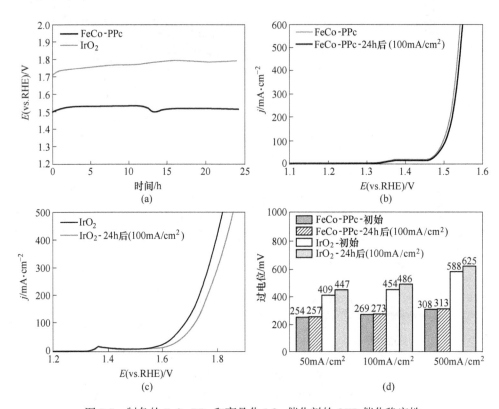

图 7-7　制备的 FeCo-PPc 和商品化 IrO$_2$ 催化剂的 OER 催化稳定性

（a）100mA/cm$^2$ 下的计时电压曲线；（b）（c）稳定性测试前后 FeCo-PPc 和 IrO$_2$ 的极化曲线；

（d）稳定性测试前后 FeCo-PPc 和 IrO$_2$ 过电位对比

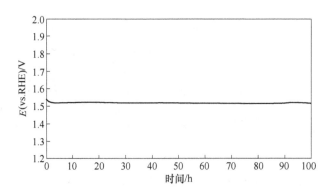

图 7-8　FeCo-PPc 催化剂在 100mA/cm$^2$ 下运行 100h 的计时电压曲线

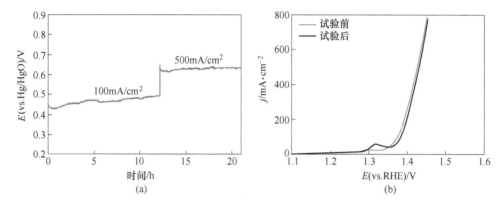

图 7-9　FeCo-PPc 催化剂在 6mol/L KOH、85℃工业电解水条件下的电催化稳定性

（a）FeCo-PPc 在 100mA/cm² 和 500mA/cm² 下的计时电压曲线；

（b）FeCo-PPc 稳定性试验前后的极化曲线对比

### 7.3.3　材料稳定性测试前后结构变化分析

利用 FESEM、XRD、TEM、XPS 和 ICP-MS 对 FeCo-PPc 催化剂在 100mA/cm² 电流下稳定性测试 24h 后的形貌和结构进行表征。FeCo-PPc 催化剂的 XRD 谱中出现了新的衍射峰，根据峰的位置可知稳定性测试后，FeCo-PPc 催化剂中产生了新的物相：$\gamma$-CoOOH（JCPDF：73-1213）、FeCoOOH（JCPDF：14-0558）、FeO（JCPDF：49-1447）、Fe(OH)$_3$（JCPDF：22-0346）、Co$_2$O$_3$（JCPDF：20-0770）和 $\gamma$-FeOOH（JCPDF：44-1415）（见图 7-10（a））。FeCo-PPc 稳定性测试后的 XPS 元素分析证实 FeCo-PPc 中碳、氧、氮、铁和钴元素的存在，各元素在催化剂中的摩尔分数分别是 51.2%、33.2%、11.6%、2.9%、1.2%，可以发现稳定性测试后，FeCo-PPc 催化剂中氧的含量显著增加。此外，Fe 2$p$ 和 Co 2$p$ 的高分辨率XPS 谱证实稳定性测试后，FeCo-PPc 催化剂中存在 Fe$^{3+}$（712.34eV 和 726.57eV）、Fe$^{2+}$（710.66eV 和 724.80eV）、Co$^{3+}$（779.33eV 和 795.23eV）和 Co$^{2+}$（781.33eV 和 796.54eV）（见图 7-10（b）（c））。定量计算结果表明，稳定性测试后的 FeCo-PPc 中 Fe$^{3+}$/Fe$^{2+}$（约 1/1）和 Co$^{3+}$/Co$^{2+}$（约 1/2.5）比值比稳定性测试前的 Fe$^{3+}$/Fe$^{2+}$（1.2/1）和 Co$^{3+}$/Co$^{2+}$（1/4.3）比值有所提高，证实了 OER 过程中发生了催化剂的氧化。催化剂的稳定性很大程度上取决于材料在氧化后表面发生重建后的组分与结构[309,310]。已有研究发现，许多 OER 催化剂被氧化，生成氧化物和羟基氧化物，这些氧化物同样具有优良的 OER 活性[309,311~313]。FeCo-PPc 催化剂稳定性测试后的结构分析也证明了这一点，这可能是其具有优异稳定性的原因。

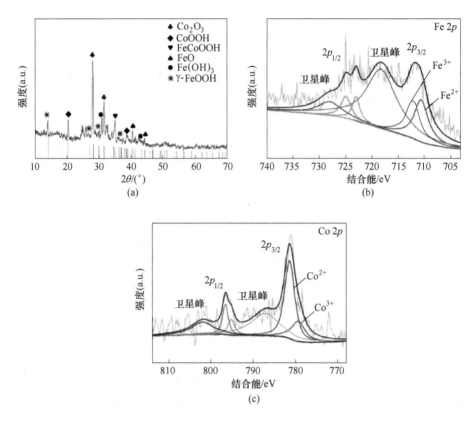

图 7-10   FeCo-PPc 催化剂在 100mA/cm² 下稳定性测试 24h 后的结构表征
(a) XRD 谱；(b) XPS Fe 2p 谱；(c) XPS Co 2p 谱

本章介绍了采用一步固相法合成千克级的高效 OER 电催化剂。制备的 FeCo-PPc 催化剂成本极低，每千克成本不到 600 元，且具有优异的 OER 催化性能，500mA/cm² 时的过电位仅为 308mV，Tafel 斜率为 42.86mV/dec，电荷转移电阻小（过电位为 300mV 时仅有 0.9Ω）。在 6mol/L KOH 和 85℃ 的工业电解水条件下，即使在高电流密度下也具有非常优异的稳定性，显示出巨大的商业应用潜力。FeCo-PPc 突出的 OER 活性是由于钴和铁之间强烈的电子相互作用和氮原子的电负性，可调节相邻原子的电子云密度，形成活性位点促进反应物的吸附。这项工作将为大规模制备高效、低成本的电解水 OER 催化剂提供一种新思路。

# 8  MOF 析氧催化剂配体调控

铁基金属有机骨架（MOF）是电催化析氧反应（OER）的潜在催化剂。然而，由于缺乏对结构的研究，如何调控配体合理地设计出高效 MOF 催化剂仍然是一个巨大挑战。本章首次介绍了一系列具有可调配体的铁基 MOF。功能化的 Fe-MOF-NHCHO 和 Fe-MOF-NO$_2$ 催化剂比 Fe-MOF 表现出更高的 OER 催化活性。性能最好的 Fe-MOF-NHCHO 催化剂在电流密度为 10mA/cm$^2$ 时的过电位仅为 246mV，比 Fe-MOF 催化剂低 37mV。本章内容为高效 OER 催化剂制备提出了一种基于 MOFs 材料的设计新理念。

## 8.1  概　　述

析氧反应（OER）是电化学水裂解等可再生能源技术中最重要的反应之一。由于 4e 转移的 OER 过程动力学迟缓导致过电位过高是制约电解水效率的关键因素。因此，设计低成本、高性能的 OER 催化剂，降低过电位，增强反应动力学，是推进电解水工业化进程的关键步骤。MOF 是由有机配体和金属离子通过配位键形成的晶体材料。目前研究表明，催化剂优良的 OER 性能往往与其金属密切相关[314]。例如，金属配位不饱和位点的形成及金属元素的加入和掺杂可以增强 OER 活性。然而，关于有机配体对其电催化性能影响的研究很少。有机配体不仅可以与金属配合形成特定的框架结构，还可以在框架结构上锚定特定官能团。有机配体上的官能团还可以调节材料的电子结构，调节催化剂对反应物和反应中间体的吸附特性，从而提高催化活性。MOF 中最常见的 OER 电催化配体是 1,4 苯二甲酸（BDC），BDC 配体中的两个羧基与金属配位，生成的这类 MOF 材料以 MIL 命名（如 MIL-53、MIL-88b 和 MIL-101）。当 BDC 中引入功能基团，如 —NH$_2$、—OCH$_3$、—OH 和—Br 后，产生的 MOF 中也随之引入了该功能基团，可在 MOF 中产生缺陷和晶格畸变，调节 OER 反应物和中间体在 MOFs 上的结合强度，从而提高催化剂 OER 催化活性[315]。随着 MOFs 研究的发展，具有不同功能基团（如—NH$_2$、—NHCHO、—F、—Cl、—NO$_2$、—CH$_3$、—OH、—Br）和相同骨架结构的 MIL 系列衍生物越来越多。配体中苯环的官能团会引起—COO—基团的空间位阻旋转，研究表明，空间位阻越大，—COO—基团与苯环的夹角越大。配体中—COO—基团的旋转还会引起应变效应，进而影响金属的电子结构。

然而，如果官能团（如—CF₃）的空间位阻过大，则金属氧键将不稳定[316]。本章选择在这一常见材料中引入空间位阻适中的硝基（—NO₂）和甲酰氨基（—NHCHO）来研究其 OER 活性影响。

首次设计并合成了用于 OER 催化的一系列配体可调的铁基 MOF 材料（见图8-1）。引入—NO₂ 或—NHCHO 功能基团的 Fe-MOF-NO₂ 和 Fe-MOF-NHCHO 均表现出高于 Fe-MOF 的 OER 催化活性。Fe-MOF-NHCHO 在 10mA/cm² 时的 OER 过电位仅为 246mV，比 Fe-MOF 催化剂（283mV）低 37mV。

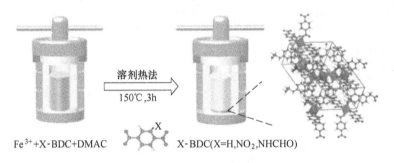

图 8-1　Fe-MOF-X（X = H、NO₂、NHCHO）催化剂的合成示意图

## 8.2　材料的制备及测试技术

### 8.2.1　催化剂 Fe-MOF-X 的合成

Fe-MOF-X 催化剂（X 为有机基团，X = H、NO₂、NHCHO）的合成过程如下：首先，将相同物质的量（0.1mmol）的 BDC-X（X = H、NO₂、NHCHO）和 FeCl₃·6H₂O 溶于 12mL N，N-二甲基乙酰胺（DMAC）中。超声处理 5min 后，将均匀的混合物放入聚四氟乙烯内胆中，置于不锈钢高压釜中在 150℃ 下反应 3h。冷却后经有机微孔滤膜过滤，用乙醇和去离子水交替洗涤 3 次。最后，将 Fe-MOF-X 在真空烘箱中于 55℃ 干燥 12h。

### 8.2.2　材料结构表征方法

FESEM 由 Nona-Nano SEM450 表征，工作电压为 5kV。XPS 是由 Thermo Scientific K-Alpha XPS 光谱仪用铝 $K_\alpha$ 辐射获得的。TEM 和 HRTEM 在 Tecnai G2 TF30 上表征，工作电压为 300kV。FT-IR 在 NEXUS 670 光谱仪（KBr 颗粒）上测试。XRD 谱是通过在铜 $K_\alpha$ 辐射（$\lambda = 0.15418$nm）下使用 Rigaku D/Max-2200 获得的。

### 8.2.3 材料性能测试方法

在 CHI660E 工作站（上海辰华仪器有限公司）上测试材料的电化学性能，分别以 Hg/HgO 和铂片作为参比电极和对电极。电化学测试方法同 7.2.3 节。

# 8.3 催化剂结构及性能

### 8.3.1 催化剂的结构分析

采用文献报道的方法合成了含有硝基（—$NO_2$）和甲酰氨基（—NHCHO）修饰的 BDC-X 有机配体[317,318]。通过[1]H NMR 和傅里叶变换红外光谱（FT-IR）确定了配体和中间体的结构。采用溶剂热法合成了 Fe-MOF-X（X＝H、$NO_2$ 和 NHCHO）有机框架催化剂，该框架由 $Fe^{3+}$ 与 BDC-X 配体配位形成（见图 8-1）[319,320]。用 X 射线粉末衍射（XRD）对产物 Fe-MOF-X（X＝H、$NO_2$、NHCHO）进行了表征。不含功能基团的 Fe-MOFs 样品的衍射峰与 MIL-53(Fe)（剑桥晶体数据中心，CCDC：695105）的结构和文献报道的结构吻合良好，表明 Fe-MOF 的成功合成（见图 8-2（a））[320,321]。功能化的 Fe-MOF 的衍射峰均与 Fe-MOF 一致，说明—$NO_2$ 或—NHCHO 基团的引入并没有影响 Fe-MOFs 的晶体结构。Fe-MOF-$NO_2$ 和 Fe-MOF-NHCHO 的 X 射线衍射峰分别在 9.259°和 8.985°处发生位移，与配体上引入功能基团后使 MOF 结构出现了应变效应有关[315,322]。通过 FT-IR 验证了 Fe-MOF-X 的分子结构。Fe-MOF-$NO_2$ 和 Fe-MOF-NHCHO 样品的红外光谱与 Fe-MOF 的相似，在 3423cm$^{-1}$、750cm$^{-1}$ 和 536cm$^{-1}$ 处的吸收带分别归因于 BDC 上 O—H、C—H 的弯曲振动和羧基与铁离子之间的 Fe—O 键振动（见图 8-2（b））[323,324]。所有 Fe-MOF-X 样品在 1580cm$^{-1}$ 和 1379cm$^{-1}$ 处的两个强吸收带分别被表示为—COO—的不对称（$V_{as}$）和对称（$V_s$）振动，证实了样品中二羧酸连接剂的存在[325]。在 Fe-MOF-$NO_2$ 样品的 FT-IR 谱中，1536cm$^{-1}$ 的特征峰为—$NO_2$ 的不对称振动（$V_{as}$）[326]。Fe-MOF-NHCHO 在 1295cm$^{-1}$、1688cm$^{-1}$ 和 1254cm$^{-1}$ 处的特征峰分别为—NHCHO 基团的 N—H 键弯曲振动、C＝O 振动和 C—N 键拉伸振动[326,327]。材料中引入功能基团后，Fe—O 峰位置发生位移，由有机配体中引入—$NO_2$ 和—NHCHO 基团的缺陷应变导致 Fe—O 键长变化所致[322,328,329]。XRD 和 FT-IR 结果表明—$NO_2$ 和—NHCHO 基团在 Fe-MOF-X 样品中不与金属离子配位，而是存在于 MOF 结构的微孔空隙中。

场发射扫描电子显微镜（FESEM）图像显示，Fe-MOF 样品是表面粗糙的棒状纳米形貌。直径和长度约分别为 210nm 和 940nm（见图 8-3（a）（b））。但—$NO_2$ 和—NHCHO 基团的引入使催化剂的表面形貌发生了明显变化（见图 8-3

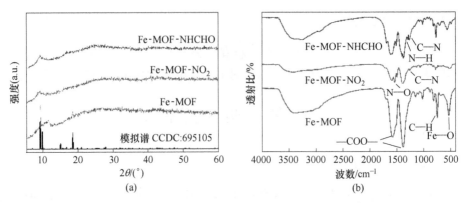

图 8-2   Fe-MOF、Fe-MOF-NO$_2$ 和 Fe-MOF-NHCHO 的
X 射线衍射谱（a）和傅里叶变换红外光谱图（b）

（c）~（f））。Fe-MOF-NO$_2$ 和 Fe-MOF-NHCHO 样品为表面粗糙的片状纳米结构
（见图 8-3（c）（d））。Fe-MOF-NHCHO 则呈长度约 120nm 的块状结构（见图 8-3
（e）（f））。

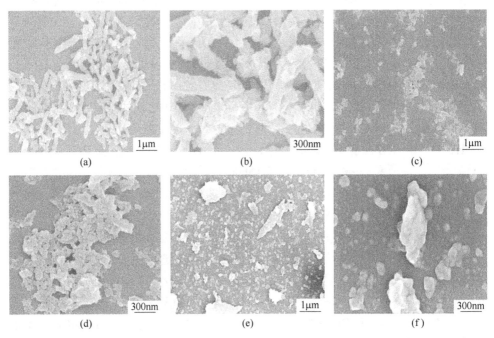

图 8-3   Fe-MOF（a, b）、Fe-MOF-NO$_2$（c, d）和 Fe-MOF-NHCHO（e, f）的 FESEM 图

在透射电子显微镜（TEM）中也可以看到 Fe-MOFs 的棒状纳米结构（见图
8-4（a））。如图 8-4（c）和（e）所示，Fe-MOF-NO$_2$ 和 Fe-MOF-NHCHO 样品可

见片状结构，与 FESEM 结论一致，这也证明了—NO₂ 和—NHCHO 基团改变了催化剂的形貌。从高分辨 TEM 图像可以清楚地看到 Fe-MOF 的晶格条纹表面结晶度很好（见图 8-4（b）），晶格条纹间距为 0.28nm，对应于 Fe-MOFs 的（0 2̄4）晶面（$2\theta=31.9°$）[321]。Fe-MOF、Fe-MOF-NO₂ 和 Fe-MOF-NHCHO 样品中均可见间距为 0.28nm 的晶格条纹（见图 8-4（d）（f））[322]。

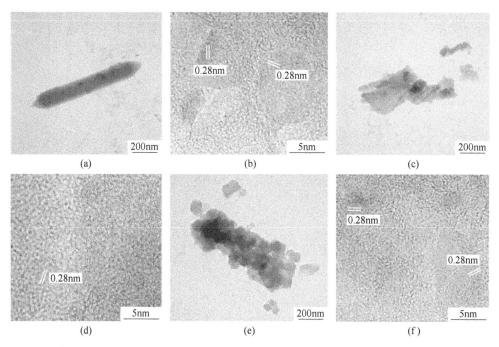

图 8-4　Fe-MOF（a，b）、Fe-MOF-NO₂（c，d）和 Fe-MOF-NHCHO（e，f）的
TEM 和高分辨 TEM 图

　　X 射线光电子能谱（XPS）分析表明，所有 Fe-MOF-X 催化剂中都存在铁、碳和氧，Fe-MOF-NO₂ 和 Fe-MOF-NHCHO 样品中有氮的存在。C 1s XPS 谱证实了有机配体芳香环中的 C ═C/C—C（284.8eV）、C—O/C—N（286.04eV）和羧基（O—C ═O，288.6eV）的存在（见图 8-5（a））[323, 325]。拟合结果表明，Fe-MOF-NO₂ 和 Fe-MOF-NHCHO 样品中 C—O/C—N 的比例较 Fe-MOF 样品有所增加。如图 8-5（b）所示，Fe-MOF-NO₂ 的 N 1s XPS 谱在 399.8eV 和 400.45eV 处可以去卷积成两个双峰，分别属于硝基的 N—O 和 C—N[293]。此外，Fe-MOF-NHCHO 的 N 1s XPS 谱可以去卷积为 399.3eV 和 400.42eV 的两个双峰，与—NH-CHO 基团的 N—C ═O 和 C—N 基团有关[293]。XPS 结果证实，Fe-MOF-NO₂ 和 Fe-MOFs-NHCHO 样品中分别存在—NO₂ 和—NHCHO 基团。Fe-MOF-X 的高分辨率 O 1s XPS 谱在 531.0eV、531.7eV 和 533.1eV 处可以去卷积成三个峰，分别与

Fe—O、有机配体的羧酸和吸附的水有关（见图 8-5（c））[316, 324, 325]。Fe-MOF-NO$_2$ 的 O 1$s$ XPS 谱在 532.7eV 处出现一个峰，这与硝基的 N—O 有关。Fe-MOF-NCHO 的 O 1$s$ XPS 谱在 532.3eV 处出现一个峰，这与甲酰氨基基团的 N—C＝O 有关。Fe-MOF-X 在 711.4eV 和 725.1eV 处的结合能分别与 Fe$^{3+}$ 的 Fe 2$p_{3/2}$ 和 Fe 2$p_{1/2}$ 有关（见图 8-5（d））[325, 330]。与 Fe-MOF 相比，Fe 2$p_{3/2}$ 在 Fe-MOF-NO$_2$ 和 Fe-MOF-NHCHO 中的结合能分别发生了 0.2eV 和 0.4eV 的正位移。这种结合能的变化表明，缺陷应变引起 Fe—O 键长度变化，这是由于有机配体中硝基和甲酰氨基的引入[315, 322, 328, 329]。材料的缺陷应变可以提高催化剂的电催化活性，缺陷应变的程度对电催化活性有不同程度的影响[322, 331]。

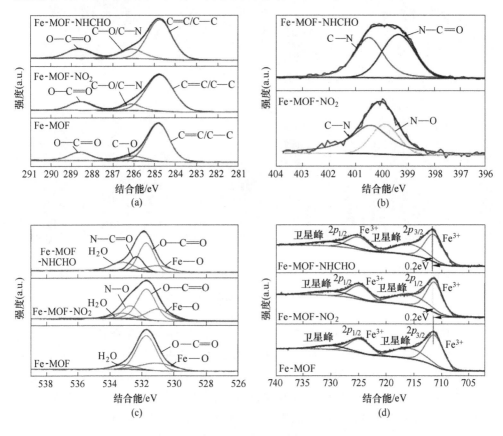

图 8-5　Fe-MOFs、Fe-MOFs-NO$_2$ 和 Fe-MOFs-NHCHO 的 XPS 表征

（a）C 1$s$；（b）N 1$s$；（c）O 1$s$；（d）Fe 2$p$ 精细谱

### 8.3.2　催化剂电化学性能分析

为了评价和比较 Fe-MOF-X 催化剂的催化活性，在室温下以泡沫镍（NF）为

基底，在 $O_2$ 饱和的 1mol/L KOH 水溶液中测试了 Fe-MOF-X 催化剂的电催化 OER 性能。在 1mV/s 的低扫描速率下得到了 Fe-MOF-X 和商品化 $IrO_2$ 的极化曲线，并进行了 iR 校正（见图 8-6（a））。在所有 Fe-MOF-X 样品中，Fe-MOF-NHCHO 表现出最佳的 OER 活性，在 10mA/cm² 的电流密度下，其过电位最低，为 246mV，低于 Fe-MOF-$NO_2$（257mV）、Fe-MOF（283mV）和贵金属 $IrO_2$（335mV）的过电位。Fe-MOF-NHCHO 催化剂的 Tafel 斜率为 37.5mV/dec，小于 Fe-MOF-$NO_2$（38.3mV/dec）、Fe-MOF（41.6mV/dec）和 $IrO_2$（85.4mV/dec）的 Tafel 斜率，表明 Fe-MOF-NHCHO 表面更为有利的 OER 反应动力学（见图 8-6（b））[272]。Fe-MOF-NHCHO 的 $C_{dl}$ 值为 6.6mF/cm²（见图 8-6（c））。与 Fe-MOF 相比，引入—$NO_2$ 或—NHCHO 基团后，催化剂的 $C_{dl}$ 没有显著增加。根据几何电流密度和 ECSA 计算，Fe-MOF-NHCHO 的 ECSA 归一化电流密度 $j_{ECSA}$ 最高，表明其具有优越的 OER 本征催化活性。在过电位为 0.3V 时，Fe-MOF-NHCHO 电极的电荷转移电阻 $R_{ct}$ 为 0.82Ω，这低于 Fe-MOF-$NO_2$（1.64Ω）、Fe-MOF（2.3Ω）和 $IrO_2$（18.3Ω），表明 Fe-MOF-NHCHO 催化剂具有优越的电荷转移特性（见图 8-6（d））。Fe-MOF-NHCHO 催化剂在碱性介质中过电位为 0.3mV 时的 TOF 高达 0.117s⁻¹，是商品化 $IrO_2$ 催化剂（0.017s⁻¹）的 10 倍多[332]。电化学分析发现—$NO_2$ 和—NHCHO 基团的引入都能提高催化剂的 OER 性能。由于配体中苯环上—$NO_2$ 或—NHCHO 基团的空间位阻引起—COO—基团的旋转[316, 321]。理论研究表明，空间位阻越大，—COO—基团与苯环的夹角越大[321]。—COO—基团的旋转会引起应变效应，进而影响铁活性位点的电子结构，这与 XRD 和 XPS 的结果一致[315, 322]。同时，功能基团的引入削弱了羧基与铁之间的配位，促进了金属的不饱和配位[333,334]。

图 8-7（a）中的计时电位曲线（$E$-$t$）表明，Fe-MOF-X 催化剂具有良好的催化稳定性，在 100mA/cm² 的 OER 测试超过 24h 后，其 OER 催化性能无明显变化。Fe-MOF-X 催化剂的极化曲线进一步证明稳定性测试前后 Fe-MOF-X 催化剂的过电位没有明显变化（见图 8-7（b）～（d））。在电流密度为 300mA/cm² 时，Fe-MOF-$NO_2$ 和 Fe-MOF-NHCHO 催化剂的过电位仅增加 6mV（见图 8-7（e））。且经过稳定性测试后，Fe-MOF-NHCHO 的 $C_{dl}$ 值为 7.5mF/cm²，与稳定性测试前的值相近，说明 Fe-MOF-NHCHO 催化剂经过长期耐久性测试后电化学活性表面积基本保持不变。Fe-MOF-NHCHO 催化剂在 100mA/cm² 下稳定性测试 24h 后，催化剂的形貌仍为片状结构。XPS 分析表明，在稳定性试验后，Fe-MOF-NHCHO 中存在铁（摩尔分数 2.05%）、氧（摩尔分数 39.77%）、氮（摩尔分数 2.81%）和碳（摩尔分数 55.38%）元素，其中氧含量高于稳定性测试前 Fe-MOF-NHCHO 样品中的氧含量，这些结果表明催化剂发生了表面结构转变。而且，稳定性测试后，Fe-MOF-NHCHO 中的 Fe $2p_{3/2}$ 结合能发生了约 1.2eV 的负

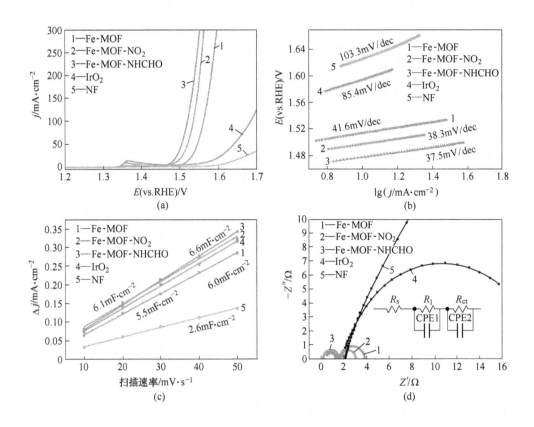

图 8-6   Fe-MOF-NHCHO、Fe-MOF-NO$_2$、Fe-MOF、IrO$_2$ 和 NF 基底的
OER 极化曲线（a）和相对应的 Tafel 斜率（b）、循环伏安扫描速率与
正负扫电流差 $\Delta j$（c），以及 300mV 过电位下 Nyquist 谱图（d）

位移。Fe-MOF-NHCHO 的 Fe$^{3+}$/Fe$^{2+}$ 比值稳定性测试后变为约 1/1.1，说明 OER
过程中催化剂发生了氧化。

本章介绍了一种可行的铁基 MOF 催化剂 OER 性能调控方法。与不含功能基
团的 Fe-MOF 相比，含甲酰氨基的 Fe-MOF-NHCHO 和含硝基的 Fe-MOF-NO$_2$ 表现
出更好的 OER 电催化性能。Fe-MOF-NHCHO 具有较低的过电位（10mA/cm$^2$ 时
246mV）、较低的 Tafel 斜率（37.5mV/dec）和较低的电荷转移电阻（0.82Ω）。
通过在配体中引入—NO$_2$ 和—NHCHO 基团，可以诱导催化剂的结构产生缺陷应
变，从而优化催化剂表面与反应中间体之间的相互作用，进一步提高其 OER
活性。

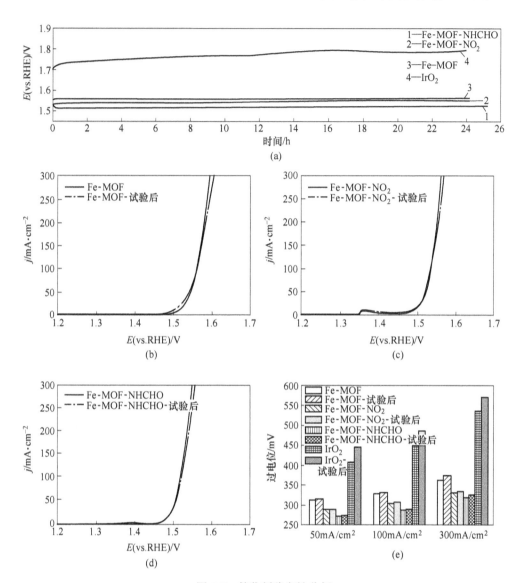

图 8-7　催化剂稳定性分析

（a）在 100mA/cm² 电流密度下进行稳定性试验前后，Fe-MOF、Fe-MOF-NO₂ 和

Fe-MOF-NHCHO 的计时电位（$E$-$t$）曲线；（b）~（d）对应的极化曲线；

（e）稳定性试验前后不同电流密度下 Fe-MOF-X 和 IrO₂ 的过电位比较

# 9 层状双氢氧化物空位缺陷调控

在超薄材料中制备多孔结构，并对孔隙率和尺寸精确调控存在较大困难。电催化水分解受到水氧化动力学缓慢的阻碍，需要高效的电催化剂催化析氧反应（OER）。本章介绍一种小分子靶向锚定调控层状催化剂空位缺陷结构的方法，采用特定的吸电子有机分子甲基异硫氰酸酯（$CH_3NCS$）在层状双氢氧化物（LDH）中引入金属和氧多重空位，从而大大增强 LDH 催化剂的 OER 活性[335]。金属和氧多重空位赋予 NiFe-LDH 增强的电子转移特性并调节其对 $H_2O$ 的吸附，从而提高其 OER 电催化性能。具有金属和氧多重空位的 NiFe-LDH（$v$ -L-LDHs）有优异的 OER 催化活性，在电流密度为 $100mA/cm^2$ 时的过电位仅为 230mV，Tafel 斜率低至 37.1mV/dec。密度泛函理论（DFT）表明，缺陷区域激活镍位点和氧位点的电活性从而促进电子转移和反应中间体转化。铁位点对保持镍位点的高电活性起关键作用。小分子靶向锚定调控层状催化剂空位缺陷结构为设计和合成高性能二维层状材料电催化剂提供一种新方法。

## 9.1 概　　述

水分解制氢是解决能源危机和环境问题的最有前途的方法之一，在这个过程中，析氧反应（OER）作为水分解的阳极半反应，是决定水分解速率的关键，开发高效、低成本的析氧催化剂十分重要。由于层状双氢氧化物（LDH）具有相对较低的成本、元素含量丰富和高的催化活性[336]，成为一种有望替代贵金属催化剂 $RuO_2$ 和 $IrO_2$ 的析氧反应电催化剂。

LDH 是一种二维层状离子晶体，结构通式为 $[M_{1-x}^{2+}M_x^{3+}(OH)_2]^{x+}(A^{n-})_{x/n} \cdot mH_2O$，由带正电荷的水镁石状主体层和可交换的电荷平衡层间阴离子组成[337]，主体层由边缘共享的八面体 $MO_6$ 单元组成。减小材料的尺寸，增大比表面积，会使之暴露更多的活性位点，有利于提高其电催化活性。为了提高 LDH 的析氢催化活性，人们合成出超薄 LDH 和垂直纳米片以最大限度地增加表面活性位点。另一种策略是通过对配位数较低的催化位点进行原子级修饰来改善其本征活性。催化剂中存在空位缺陷位点可以显著地调节局部的原子结构，产生不饱和配位的几何结构，从而调节表面的电子构型。与单独的阴离子或阳离子空位相比，阴、阳离子多重空位对电催化反应具有协同增强作用。例如，Wang 等人首先利用氩等离子体对钴铁块状 LDH 进行干燥剥离，然后在超薄的 LDH 纳米片上构筑出氧、钴和铁多重空位[338]。激光和火焰处理技术也被用来制造空位结构，然而，产生空位的原因仍属未知，无法对空位位点进行定量调控[339,340]。可见产生多重空位的方法仍然是随机的，且多限于单层或少层 LDH 材料，直接作用于多层层状材料，并能在其片层的基面上有效制造空位的报道较少。本章介绍一种通过有机小分子靶向锚定在 LDH 上制造金属和氧的多重空位的方法。在 LDH 的八面体 $MO_6$ 层状结构中，亲核基团—OH 可与有机受体发生相互作用。根据 LDH 的常见层间间距（约 0.7nm）选择尺寸匹配的吸电子有机小分子 $CH_3$—N $=$ C $=$ S 作为锚定剂。$CH_3NCS$ 分子能够进入 LDH 的夹层，并锚定在 LDH 中 $MO_6$ 单元的特定原子（氧和金属原子）上。这使 LDH 纳米片产生剥离，随后 LDH 中与 $CH_3NCS$ 结合的原子随 $CH_3NCS$ 脱离，在 LDH 上形成氧和金属多重空位。优化后的超薄少层 NiFe-LDH 催化剂具有多重空位活性位点，OER 活性高，电流密度为 $10mA/cm^2$ 时，过电位低至 150mV，优于大多数已报道的 OER 催化剂。密度泛函理论计算证实了 NiFe-LDH 中金属空位和氧空位之间的协同效应降低了电子转移的势垒，促进了电子转移，而且有利于稳定反应中间体，从而使催化剂性能大大提高。

# 9.2 材料的制备及测试技术

## 9.2.1 材料的制备

材料的制备主要有以下几方面：

（1）NiFe-LDH 纳米片。采用水热法合成 NiFe-LDH 纳米片。将 0.145mL 1mol/L $FeCl_3$ 水溶液和 0.725mL 1mol/L $NiCl_2$ 水溶液与 70.8mL 去离子水在烧杯中混合。然后在磁力搅拌下向烧杯中加入 5.6mL 0.5mol/L 尿素水溶液和 2mL 0.01mol/L 柠檬酸三钠（TSC）。随后将混合溶液转移到 100mL 特氟隆内胆中，在 150℃水热反应 24h。反应后，离心收集样品，并用去离子水和无水乙醇洗涤多次，然后在烘箱中于 60℃干燥过夜。

（2）多空位 LDH（$v$-NiFe-LDH）。将得到的 NiFe-LDH 在 75℃下进行搅拌，并与不同浓度的 $CH_3NCS$（0.1mol/L、0.5mol/L、1.0mol/L、1.25mol/L）反应。随后，离心收集样品，并用去离子水和无水乙醇交替洗涤多次，然后在烘箱中于 60℃干燥过夜。

（3）超薄少层 LDH（L-LDH）。在 80℃磁力搅拌下，将 20mL 含 Ni$(NO_3)_2$·$6H_2O$（0.2181g）和 Fe$(NO_3)_3$·$9H_2O$（0.1010g）的水溶液滴加到 20mL 体积分数 23%甲酰胺水溶液中，同时，滴加 0.25mol/L NaOH 溶液以调节溶液 pH 值约为

10。反应在 10min 内完成。冷却至室温后，通过离心收集产物，用去离子水反复洗涤，然后保持湿润状态以备后续使用[341,342]。

（4）多空位 L-LDH 的合成（ν-L-LDH）。ν-L-LDH 的合成类似于上述 ν-NiFe-LDH 的合成，所不同的是用超薄少层 LDH（L-LDH）替代 NiFe-LDHs 纳米片。

（5）催化剂泡沫镍电极的制备。将泡沫镍浸入 1mol/L HCl 溶液中 10min 以除去表面氧化物，用去离子水和乙醇洗涤数次，然后在 60℃烘箱中干燥。将 1mg 催化剂均匀分散在 0.25mL 乙醇中，超声处理 2h，然后与 0.25mL 4% PTFE 混合。超声处理 30min 后，将催化剂滴液均匀滴在处理好的泡沫镍（1cm×1cm）上，然后在 60℃烘箱中干燥 15min，得到催化剂泡沫镍电极。

### 9.2.2　材料结构表征方法

用电感耦合等离子体原子发射（ICP）光谱法（JarrelASH，ICAP-9000）分析样品的组成。5.0kV 下在 Zeiss Ultra 55 扫描电子显微镜上收集扫描电子显微镜（SEM）图像。采用原子力显微镜（AFM，Veeco 仪器）确定 LDH 材料的尺寸和厚度。核磁共振氢谱和碳谱采用 Bruker AC250 和 BrukerAV 360 光谱仪表征。质谱采用 Finnigan-MAT-95-S 测量，使用甲醇/$H_2O$（80/20，体积比）作为溶剂。X 射线光电子能谱（XPS）采用光电子能谱仪 250XI（ThermoScientific）表征。使用 XPS-PEAK 软件分析光谱。X 射线光吸收谱（XAS）测试在布鲁克海文国家实验室的国家同步辐射光源二号（NSLS 二号）的 8-ID 光束线上以透射模式进行。用 Athena 软件包处理了近边结构的 XAS 谱和扩展 X 射线吸收精细结构谱。采用 AUTOBK 编码对吸收系数进行归一化。TEM 和 XRD 表征参数参见 3.2.2 节所述。

### 9.2.3　材料性能测试方法

电化学测试参数参见 7.2.3 节所述。在 20mA/cm² 的恒定氧化电流下，通过 GC2014（日本岛津）对不同时间的 $O_2$ 析出量进行了测试。理论上产生的氧含量用法拉第电解定律确定。

### 9.2.4　密度泛函理论计算

采用 CASTEP 代码进行密度泛函理论计算，计算参数参见 5.2.4 节所述。同时，采用 Broyden-Fletcher-Goldfarb-Shannon（BFGS）最小化算法，使得体系结构弛豫。在结构弛豫过程中，设定原子受力、能量的收敛和位移判据分别为 0.01eV/nm、5×10⁻⁵ eV/atom 和 0.0005nm。对于体系中镍、铁、氧和氢原子空位，分别选择（3d，4s，4p）（3d，4s，4p）（2s，2p）和（1s）的价电子结构。在表面模型的构建中，在垂直于表面模型的方向上加入 2nm 的真空层消除周期性映像之间的相互作用。

# 9.3 催化剂结构及性能

## 9.3.1 催化剂的结构设计

采用密度泛函理论计算揭示 NiFe-LDH 中不同空位位点对 OER 性能的调控机理。对于只有氧空位的 NiFe-LDH，其费米能级 $E_F$ 附近的成键和反键轨道证明了氧空位附近为电活性区。观察到金属空位对晶格的电子分布存在更强的扰动，这使得 NiFe-LDH 的表面更富电子。同时，金属空位会引起附近的晶格发生明显的晶格畸变，使相邻的 *OH 方向发生偏离。对于金属空位和氧空位两者共存的体系，电催化活性区进一步定位在缺陷区附近，这为 OER 过程提供了活性位点（见图 9-1（a）~（d））。进一步研究金属和氧空位共存时 NiFe-LDH 的分波态密度（PDOS）（见图 9-1（e））。Ni 3$d$ 轨道的主峰位于 $E_V$ 为 $-1.70\text{eV}$ 处，Fe 3$d$ 轨道中的 $t_{2g}$ 和 $e_g$ 组分的峰分别位于 $E_V$ 为 $-3.30\text{eV}$ 和 $E_V$ 为 $0.40\text{eV}$（$E_F$ 处的 $E_V=0$）。O 2$p$ 轨道表明更深位置的富电子特性。此外，Ni 3$d$ 和 Fe 3$d$ 轨道显示出与 O 2$p$ 轨道的良好重叠性，使其具有足够的位点间电子转移和稳定的成键。对于 Ni 3$d$ 轨道，随着镍位点从块体向空位附近变化，镍主峰位置向靠近 $E_F$ 方向移动（$t_{2g}$ 组分峰移动 $0.44\text{eV}$），表明电子转移能力的提高和与吸附物的成键趋势增强（见图 9-1（f））。对于 Fe 3$d$ 轨道，随着铁位点从块体向空位附近变化，晶格中 $t_{2g}$ 和 $e_g$ 组分峰位置变化不明显，有利于保持镍氧化态和电子转移活性（见图 9-1（g））。O 2$p$ 轨道也显示出明显的移动（从 $-5.50\text{eV}$ 和 $-4.10\text{eV}$），证明了从氧位点到相邻金属位点间较低的电子转移势垒，可见 $v$-NiFe-LDH 中潜在的 *OH 活化和电子交换，从而证明其具有较高的电催化活性（见图 9-1（h））。此外，还发现 $v$-NiFe-LDH 体系中 OER 的中间体从初始反应物 $H_2O$ 到最终产物 $O_2$ 显示出线性相关性，保障其在 OER 过程中有效的电子转移和中间体的转化（见图 9-1（i））。

## 9.3.2 催化剂的结构分析

NiFe-LDH 呈现一种"三明治"结构，由两层阴离子层夹着金属阳离子内层组成。LDH 基片中的阳离子层具有八面体结构单元（$MO_6$），由平面内的 4 个—OH 和 1 个过渡金属原子及两端的两个—OH 构成[343]。由于甲基异硫氰酸酯（$CH_3N=C=S$）具有亲电特性，$CH_3N=C=S$ 的亲电中心（$=C=$）主要攻击 LDH-OH 中的孤对电子。同时，$CH_3N=C=S$ 的末端硫进攻 $MO_6$ 中的金属原子，形成结构 Ⅱ，如图 9-2（a）所示。不稳定的结构 Ⅱ 被异构化为相应的金属-

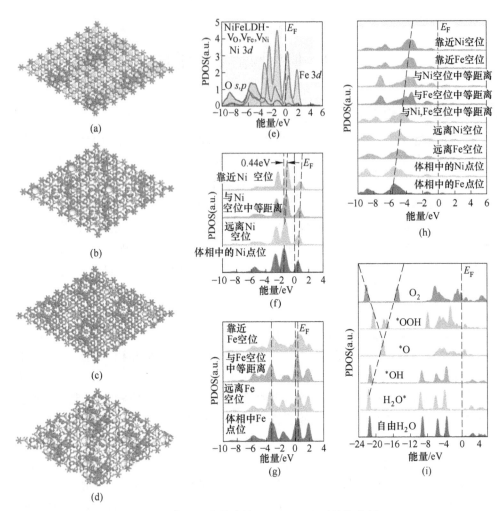

图 9-1 带有空位缺陷的 NiFe-LDH 电子结构分析

（a）含—OH 空位的 NiFe-LDH；（b）含铁空位的 NiFe-LDH；（c）含镍空位的 NiFe-LDH；
（d）含镍、铁、氧空位的 NiFe-LDH 在费米能级附近成键和反键的等值线图；
（e）含镍、铁、氧空位的 NiFe-LDH 的 PDOS 图；（f）不同位置的 Ni 3d 的 PDOS 图；
（g）不同位置的 Fe 3d 的 PDOS 图；（h）不同位置的 O 2p 的 PDOS 图；
（i）OER 中间体的 PDOS 图

有机配合物（结构Ⅲ），由于结构Ⅲ在有机试剂如乙醇中易发生消去反应[344]，LDH 中的氧和金属原子随之消除，在 LDH 基片中产生金属和氧的多重空位（表示为 $v$ -NiFe-LDH），同时 LDH 纳米片剥离，LDH 片层厚度减小。采用电感耦合等离子体发射光谱仪（ICP）、X 射线光电子能谱（XPS）、核磁共振（$^1$H 核磁共振）、$^{13}$C 核磁共振和质谱（MS）测定金属-有机络合物的结构（结构Ⅲ）。电感耦合等离子体（ICP）检测到铁元素的浓度为 4.96mg/L，镍的浓度为 47.86mg/L，证实过渡金属离子从 LDH 样品中发生部分消除。靶向剂 $CH_3NCS$ 可有效地在 LDH 基片上产生金属空位。

高分辨率的 XPS Ni $2p$ 光谱可以拟合出两组不同的双峰（$2p_{3/2}$ 和 $2p_{1/2}$）：一组双峰大约在 856.1eV 和 874.2eV 处，与 Ni—O 有关，另一组双峰大约在 853.4eV 和 871.7eV 处，与 Ni—S 有关（见图 9-2（c））[345]。高分辨率的 XPS Fe $2p$ 谱也可以拟合出两组不同的双峰（$2p_{3/2}$ 和 $2p_{1/2}$）：一组双峰大约在 711.3eV 和 724.7eV 处，为 Fe—O，另一组双峰大概在 713.8eV 和 721.8eV 处，为 Fe—S。形成的 Ni—S 和 Fe—S 表明 $CH_3NCS$ 中的硫成功地与 NiFe-LDH 中的镍和铁金属原子配位，这一结果与图 9-2（a）提出的机理一致。同时，从图 9-2（b）的高分辨率 XPS S $2p$ 光谱可以看到出现了三种类型的硫：在 168.1eV 和 169.2eV 处的峰对应异硫氰酸酯，162.2eV 和 163.4eV 处的峰对应 Ni—S，164.8eV 和 166eV 处的峰对应 NHOC-S[346]，很好地证明了上述提出的结构Ⅲ。

从图 9-2（e）所示的核磁共振氢谱来看，化学位移在 0.00029% 和 0.00045% 附近的峰分别是—$CH_3$ 的氢和—NH—的氢[347]。这两个峰的积分数据分别为 3 和 1，与结构Ⅲ符合。$^{13}C$ 核磁共振谱（见图 9-2（f））的结果与 $^1H$ 核磁共振谱的结果非常一致，$^{13}C$ 核磁共振谱显示化学位移在 0.0029% 和 0.0209% 处的峰分别对应于—$CH_3$ 和—NHCO[348]，证实结构Ⅲ成功从 LDH 基片中消除。此外，用质谱来检测结构Ⅲ，结果如图 9-2（d）所示。理论上，结构Ⅲ与 $Ni^{2+}$ 和 $Fe^{3+}$ 配位的准确摩尔质量分别为 164.9394 和 162.9766。在图 9-2（d）的质谱中发现两个主峰的 $m/z$ 值分别为 165.9079 和 163.9129，分别属于质子结合的 $Ni^{2+}$ 和 $Fe^{3+}$ 配位结构Ⅲ。质谱结果与电感耦合等离子体、XPS 和核磁共振谱的分析结果非常一致，进一步证实了结构Ⅲ的生成，并从图 9-2（a）所示的 LDH 基质中消除。

从扫描电子显微镜（SEM）照片来看，形成空位后纳米片结构保持良好，并且其形貌在 $CH_3NCS$ 处理前后没有明显的区别。且 $\nu$-NiFe-LDH 的所有 XRD 衍射峰都很好地与 NiFe-LDH（JCPDF 第 38-0715 号）一致，表明晶体结构基本上保持不变。从图 9-3（b）和（f）的透射电子显微镜（TEM）图像来看，纳米片的形貌保持良好，只是纳米片的厚度从大约 8nm 减少到 2.5nm。原子力显微镜（AFM）准确测量了 $\nu$-NiFe-LDH 纳米片的具体厚度（见图 9-3（c）和（g）），相比于 $CH_3NCS$ 处理前的 NiFe-LDH（约 10nm），$CH_3NCS$ 处理后的 $\nu$-NiFe-LDH 纳米片具有更薄的厚度（约 4nm），这与 TEM 分析一致。$\nu$-NiFe-LDH 纳米片的尺寸比 NiFe-LDH 小，这有利于暴露更多的电催化活性位点和配位不饱和位点[349]。$CH_3NCS$ 的尺寸小于 LDH 的层间间距 0.78nm，$CH_3NCS$ 分子极有可能插入夹层中并有针对性地锚定住特定原子，使 LDH 层与层之间作用力减小，起到剥离 LDH 的作用。值得注意的是，随着结构Ⅲ的脱去，LDH 基片中产生了金属和氧多重空位，同时空位附近的晶格发生畸变。从 ν-NiFe-LDH 的高分辨率透射电子显微镜（HRTEM）图像（见图 9-3（a）和（e））中发现了晶格畸变（见图 9-3（e），白色圆圈）。

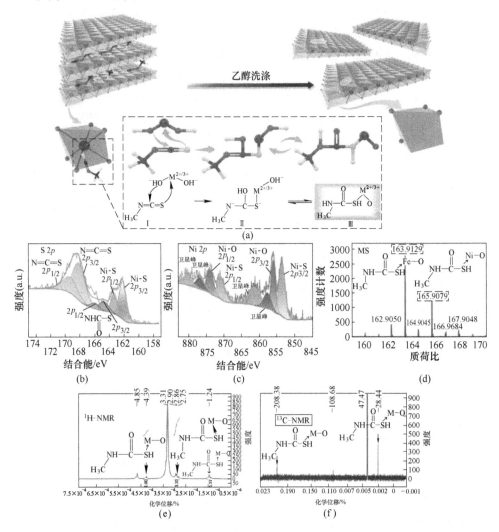

图 9-2    含氧和金属多重空位的 NiFe-LDH 合成与结构验证

(a) 含氧和金属多重空位的 NiFe-LDH 合成示意图；(b)（c) $CH_3NCS$ 处理 NiFe-LDH 后的乙醇洗涤液的 S $2p$ 和 Ni $2p$ XPS 谱；(d) 质谱；(e) $^1H$ 核磁共振；(f) $^{13}C$ 核磁共振谱

为了检测氧空位的存在，对 XPS O $1s$ 谱进行分析（见图 9-4（a）和（b））。根据 XPS 总含量分析，氧从 57.93% 降至 54.46%，表明 ν-NiFe-LDH 样品中氧原子的减少。同时，NiFe-LDH 的 XPS O $1s$ 谱（见图 9-4（d））可拟合成 4 个不同的峰，分别对应于与金属键合的氧（531.5eV）、LDH 中的晶格氧（530.5eV）、

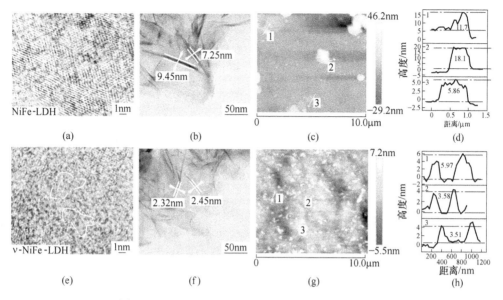

图 9-3　NiFe-LDH 和 ν -NiFe-LDH 催化剂的微观结构

（a）～（d）分别为 NiFe-LDH 的 HRTEM 和 TEM 图像及原子力显微镜（AFM）照片和高度分布

（e）～（h）分别为 ν-NiFe-LDH 的 HRTEM 和 TEM 图像及原子力显微镜（AFM）照片和高度分布

与氧空位相关的配位晶格氧（531.6eV）和吸附水（532.8eV）。在图 9-4（b）中，与 NiFe-LDH 相比，ν -NiFe-LDH 中与氧空位相关的配位晶格氧含量显著增加。

采用 XAS 来揭示 ν -NiFe-LDH 材料的精细结构。ν -NiFe-LDH 中镍（见图 9-4（c））和铁（见图 9-4（d））的近边吸收谱（XANES）表明镍和铁的价态降低，可能与金属周围存在氧空位有关。ν -NiFe-LDH 中 Ni-K 边（见图 9-4（e））和 Fe-K 边（见图 9-4（f））的 $k^3x$ 振荡曲线均显示出振荡幅度的略微降低，表明与 NiFe-LDH 相比，镍和铁原子的配位环境发生了变化。此外，傅里叶变换 $k^3x$ 函数谱给出了镍配位的详细信息。Ni-Ni/Ni-Fe 的配位数 $N$ 从 NiFe-LDH 的 7.6/1.5 下降到 ν -NiFe-LDH 的 6.8/1.4，说明 ν -NiFe-LDH 中镍空位增加。类似地，在图 9-4（h）和（j）可以拟合出 Fe-Fe/Fe-Ni 壳层的 $N$ 从 6.9/1.4 减少到 6.5/1.3，与 ν -NiFe-LDH 中产生的铁空位有关。此外，与 NiFe-LDH 中 Ni-O 壳层的 $N$（6.0）相比，ν -NiFe-LDH 的 Ni-O 壳层具有较低的 $N$（5.3），表明 NiFe-LDH 中大量的氧空位导致了严重的结构畸变。类似地，在图 9-4（h）和（j）中，NiFe-LDH 中 Fe-O 壳层的 $N$ 从 5.9 减少到 ν -NiFe-LDH 的 5.6，进一步证实了 ν -NiFe-LDH 中氧空位的存在。图 9-4（k）显示了从多层 NiFe-LDH 到具有氧和金属多重空位的少层 ν -NiFe-LDH 的结构变化，LDH 层数减小以及基片内空位缺陷结构均有利于增强 LDH 材料的 OER 催化性能。

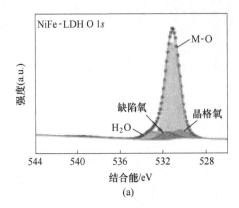

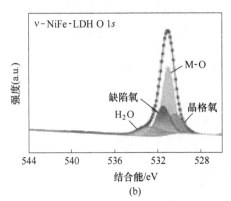

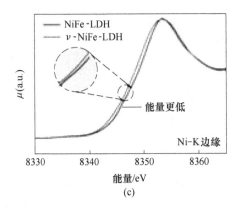

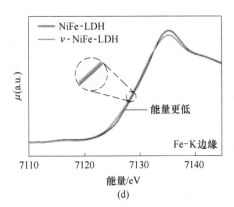

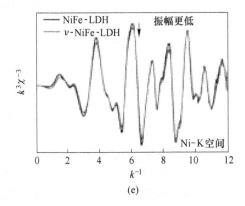

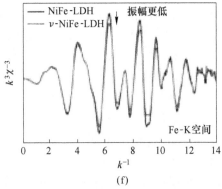

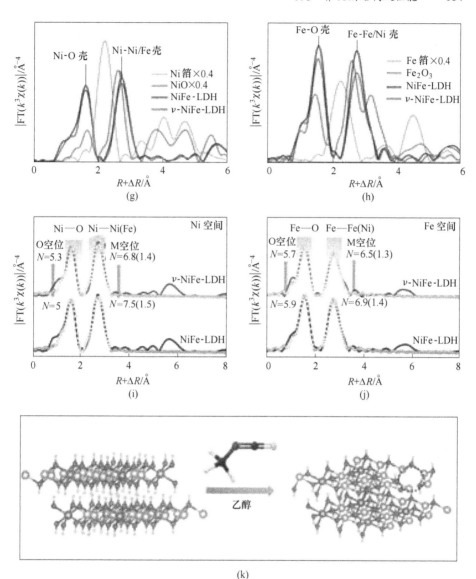

(k)

图 9-4 ν-NiFe-LDH 的氧和金属空位结构分析

（a）（b）NiFe-LDH 和ν-NiFe-LDH 的 XPS O 1s 谱；（c）（d）Ni-K 边缘和 Fe-K 边缘的 XANES 谱；

（e）（f）Ni-K 边缘和 Fe-K 边缘的 EXAFS 谱；（g）~（j）Ni-K 边缘（g 和 i）和 Fe-K 边缘（h 和 j）

的 R 空间谱及其拟合 R 空间图；（k）从多层 NiFe-LDH 到具有氧和金属多重空位的

少层ν-NiFe-LDH 的结构变化示意图

（1Å＝0.1nm）

彩图

### 9.3.3 催化剂电化学性能分析

从图 9-5（a）所示的线性扫描伏安曲线（LSV）可知，NiFe-LDH 在电流密

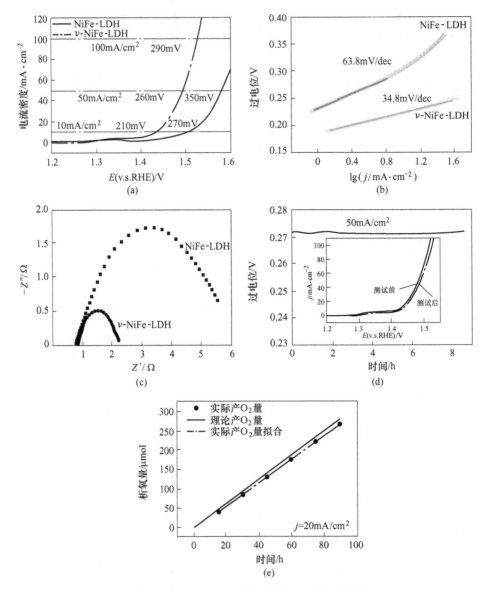

**图 9-5 ν-NiFe-LDH 催化剂的电催化性能表征**

（a）线性扫描伏安曲线（LSV）；（b）Tafel 曲线；（c）NiFe-LDH 和ν-NiFe-LDH

在 250mV 过电位下的电化学阻抗谱；（d）ν-NiFe-LDH 在 50mA/cm² 

的计时电位曲线，插图为计时测试前后ν-NiFe-LDH 催化剂的极化曲线；

（e）ν-NiFe-LDH 析氧量曲线

度为 50mA/cm$^2$ 时的过电位为 350mV，这与其他文献报道的 NiFe-LDH 性能一致[350]。$\nu$-NiFe-LDH 显示出更优异的 OER 活性，在电流密度为 50mA/cm$^2$ 时的过电位仅为 260mV，比 CH$_3$NCS 处理前的 NiFe-LDH 低 90mV。如图 9-5（b）所示，$\nu$-NiFe-LDH 的 Tafel 斜率为 34.8mV/dec，比 NiFe-LDH 低（63.8mV/dec）。采用电化学阻抗谱（EIS）研究了 $\nu$-NiFe-LDH 在电化学反应过程中的电荷转移电阻。如图 9-5（c）所示，与 NiFe-LDH 相比，$\nu$-NiFe-LDH 具有明显较小的电荷转移电阻。$\nu$-NiFe-LDH 的 $C_{dl}$ 值为 5.47mF/cm$^2$，稍大于 NiFe-LDH 的 $C_{dl}$ 值（4.36mF/cm$^2$），可见 CH$_3$NCS 处理后 NiFe-LDH 产生的空位缺陷为 OER 提供了更大的电化学活性表面积，从而对其优异的 OER 活性做出重要贡献。

没有末端硫结构的 CH$_3$S—C≡N 和没有双键的 CH$_3$C≡N 也被分别用作处理 LDHs 的靶向剂。洗涤溶剂都是透明的，与采用 CH$_3$N＝C＝S 为靶向剂的现象明显不同。因此，末端硫和 N＝C＝S 的特殊双键对特定原子的精确锚定和蚀刻有显著影响。此外，CH$_3$S—C≡N 和 CH$_3$C≡N 处理后，LDHs 的 OER 活性甚至更差，其 Tafel 斜率分别提高到 69.1mV/dec 和 71.9mV/dec，进一步表明，具有双键和富电子硫端的 CH$_3$N＝C＝S 的独特结构在靶向锚定和蚀刻 LDH 产生多重空位的过程中发挥了关键作用。

$\nu$-NiFe-LDH 也表现出良好的 OER 催化稳定性。如图 9-5（d）所示，在电流密度为 50mA/cm$^2$ 时持续 OER 反应超过 30h 后，$\nu$-NiFe-LDH 催化剂的阳极电位损失仅为 5.7%。通过 2000 次循环前后 OER 性能的对比，OER 的性能几乎是一样的（见图 9-5（d）插图）。此外，稳定性测试后的 $\nu$-NiFe-LDH 的微观形貌保持良好。XPS Ni 2$p$ 谱证实 Ni$^{3+}$/Ni$^{2+}$ 的比例没有变化，进一步证明了其良好的稳定性。同时，$\nu$-NiFe-LDH 的 OER 法拉第效率约为 97.1%（见图 9-5（e）），表明 $\nu$-NiFe-LDH 催化剂具有高的能量转换效率。

为了更直观地了解 LDHs 空位对其 OER 性能的影响，进一步合成了少层 LDH（L-LDH）[351]。原子力显微镜（AFM）确定 L-LDH 纳米片的厚度约为 3nm（见图 9-6（a）和（c））。根据上述相同的方法，采用 CH$_3$NCS 靶向处理 L-LDH，制备的 $\nu$-L-LDH 纳米片厚度仅为 1nm 左右（见图 9-6（b）和（d）），进一步证实如上述提出 CH$_3$NCS 插层、剥离、蚀刻 L-LDH 的机理。值得注意的是，$\nu$-L-LDH 在 10mA/cm$^2$ 的电流密度下表现出非常低的 OER 过电位（150mV），并且具有低的 Tafel 斜率（37.1mV/dec）。此外，在 20mA/cm$^2$ 的电流密度下进行计时电位法测试超过 60h（见图 9-6（h）），$\nu$-L-LDH 的阳极电位保持良好。定量分析高分辨率 XPS Ni 2$p$ 谱，发现计时电位测试后 Ni$^{3+}$/Ni$^{2+}$ 的比率变化较小，进一步证实 CH$_3$NCS 靶向处理后 LDH 材料的优异稳定性。

DFT 计算表明缺陷区域附近的金属位点不仅表现出高的电催化活性，而且在稳定 OER 反应中间体过程中起关键作用（见图 9-7（a））。计算得出了析氧反应能垒图（见图 9-7（b））。在标准电位（$U$=0V）下，OER 过程呈能量持续上升

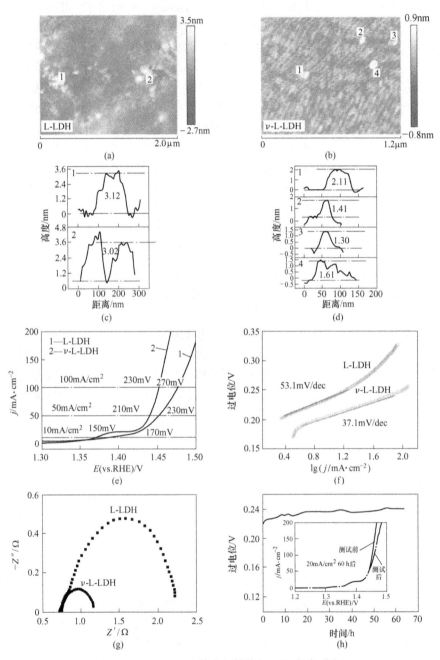

图 9-6   少层$v$-L-LDH 催化剂结构与 OER 性能分析

（a）（b）L-LDH 和$v$-L-LDH 的 AFM 图；（c）（d）L-LDH（c）和$v$-L-LDH（d）的 AFM 高度分布；

（e）L-LDH 和$v$-L-LDH 的线性扫描伏安曲线；（f）L-LDH 和$v$-L-LDH 的 Tafel 曲线；

（g）250mV 过电位下的电化学阻抗谱（EIS）；（h）在 20mA/cm² 时，$v$-L-LDH 的

计时电位曲线，插图为计时电位测试前和后极化曲线对比

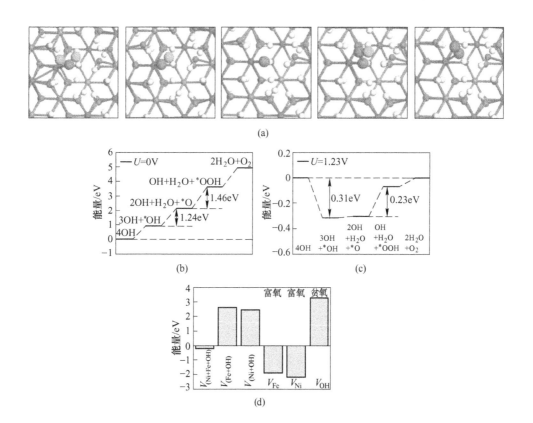

图 9-7　多重空位结构 NiFe-LDH 体系的 OER 反应计算

（a）中间体稳定吸附的结构构型；（b）标准电位下 OER 能垒图；

（c）$U=1.23V$ 下 OER 能垒图；（d）不同空位的形成能比较

趋势。从 [3OH⁻ + *OH] 到 [2OH⁻ + H₂O + O*] 步骤的反应能垒为 1.24eV。OER 的最大能垒出现在 [O*] 向 [*OOH] 的转变中，其能垒为 1.46eV，表明其为反应速率决定步骤。当施加电压 $U=1.23V$ 时，*OH 自发吸附到催化剂表面，释放出 0.31eV 的能量（见图 9-7（c））。此外，从 [2*OH+ O*] 到 [*OH + *OOH] 步骤的反应能垒为 0.23eV 对应产生 0.23V 的过电位，这与电化学测试结果接近。此外，还发现金属和氧多重缺陷（$V_{Fe+Ni+OH}$）表现出相对优先的形成趋势，与实验结果一致（见图 9-7（d））。

本章介绍了一种开发高效析氧反应催化剂的新策略，用一种特定的有机分子 $CH_3NCS$ 来靶向锚定、剥离和刻蚀 LDH，在 LDH 上产生可调控的金属和氧双重空位。HRTEM、XPS 和 XAS 分析证实了 ν-NiFe-LDH 催化剂中镍、铁和氧空位的存在，从而显著提高了催化剂的 OER 性能，在电流密度为 $100mA/cm^2$ 时的过电位仅为 230mV，Tafel 斜率低至 37.1mV/dec。密度泛函理论计算揭示了金属空位对提高 OER 性能的重要作用，它大大提高了催化剂与反应中间体的结合和有效的电子转移。此外，邻近的铁位点对保持空位附近镍位点的电催化活性起关键作用，所以催化剂表现出高的 OER 催化活性和稳定性。

# 参 考 文 献

［1］ Strmcnik D, Uchimura M, Wang C, et al. Improving the hydrogen oxidation reaction rate by promotion of hydroxyl adsorption ［J］. Nature Chemistry, 2013, 5 (4): 300-306.

［2］ 景春梅, 闫旭. 我国氢能产业发展态势及建议 ［J］. 全球化, 2019, 1 (3): 82-92.

［3］ 李争, 张蕊, 孙鹤旭, 等. 可再生能源多能互补制-储-运氢关键技术综述 ［J］. 电工技术学报, 2021, 36 (3): 446-462.

［4］ 孙鹤旭, 李争, 陈爱兵, 等. 风电制氢技术现状及发展趋势 ［J］. 电工技术学报, 2019, 34 (19): 4071-4083.

［5］ 朱明原, 刘文博, 刘杨, 等. 氢能与燃料电池关键科学技术: 挑战与前景 ［J］. 上海大学学报, 2021, 27 (3): 411-443.

［6］ Zheng Y, Jiao Y, Qiao S Z. Engineering of carbon-based electrocatalysts for emerging energy conversion: From fundamentality to functionality ［J］. Advanced Materials, 2015, 27 (36): 5372-5378.

［7］ Morales-Guio C G, Stern L A, Hu X L. Nanostructured hydrotreating catalysts for electrochemical hydrogen evolution ［J］. Chemical Society Reviews, 2014, 43 (18): 6555-6569.

［8］ Suen N T, Hung S F, Quan Q, et al. Electrocatalysis for the oxygen evolution reaction: recent development and future perspectives ［J］. Chemical Society Reviews, 2017, 46: 337-365.

［9］ Hu J, Zhang C, Jiang L, et al. Nanohybridization of $MoS_2$ with layered double hydroxides efficiently synergizes the hydrogen evolution in alkaline media ［J］. Joule, 2017, 1 (2): 383-393.

［10］ Lin D H, Lasia A. Electrochemical impedance study of the kinetics of hydrogen evolution at a rough palladium electrode in acidic solution ［J］. Journal of Electroanalytical Chemistry, 2017, 785: 190-195.

［11］ Jin H Y, Guo C X, Liu X, et al. Emerging two-dimensional nanomaterials for electrocatalysis ［J］. Chemical Reviews, 2018, 118 (13): 6337-6408.

［12］ Greeley J, Jaramillo T F, Bonde J, et al. Computational high-throughput screening of electrocatalytic materials for hydrogen evolution ［J］. Nature Materials, 2006, 5 (11): 909-913.

［13］ Tavakkoli M, Holmberg N, Kronberg R, et al. Electrochemical activation of single-walled carbon nanotubes with pseudo-atomic-scale platinum for the hydrogen evolution reaction ［J］. Acs Catalysis, 2017, 7 (5): 3121-3130.

［14］ Zhang Y, Tan J, Wen F F, et al. Platinum nanoparticles deposited nitrogen-doped carbon nanofiber derived from bacterial cellulose for hydrogen evolution reaction ［J］. International Journal of Hydrogen Energy, 2018, 43 (12): 6167-6176.

［15］ Lin L, Sun Z M, Yuan M W, et al. Significant enhancement of the performance of hydrogen evolution reaction through shape-controlled synthesis of hierarchical dendrite-like platinum ［J］.

Journal of Materials Chemistry A, 2018, 6 (17): 8068-8077.

[16] Subbaraman R, Tripkovic D, Strmcnik D, et al. Enhancing hydrogen evolution activity in water splitting by tailoring $Li^+$-Ni(OH)$_2$-Pt interfaces [J]. Science, 2011, 334 (6060): 1256-1260.

[17] Xiong Y J, Xia Y N. Shape-controlled synthesis of metal nanostructures: The case of palladium [J]. Advanced Materials, 2007, 19 (20): 3385-3391.

[18] Zalineeva A, Baranton S, Coutanceau C, et al. Octahedral palladium nanoparticles as excellent hosts for electrochemically adsorbed and absorbed hydrogen [J]. Science Advances, 2017, 3 (2): 1600542.

[19] Bhowmik T, Kundu M K, Barman S. Palladium nanoparticle-graphitic carbon nitride porous synergistic catalyst for hydrogen evolution/oxidation reactions over a broad range of pH and correlation of its catalytic activity with measured hydrogen binding energy [J]. Acs Catalysis, 2016, 6 (3): 1929-1941.

[20] Valenti G, Boni A, Melchionna M, et al. Co-axial heterostructures integrating palladium/ titanium dioxide with carbon nanotubes for efficient electrocatalytic hydrogen evolution [J]. Nature Communications, 2016, 7: 13549.

[21] Yang X J, Chen J F, Hu L S, et al. Palladium separation by Pd-catalyzed gel formation via alkyne coupling [J]. Chemistry of Materials, 2019, 31 (18): 7386-7394.

[22] Zheng J, Zhou S Y, Gu S, et al. Size-dependent hydrogen oxidation and evolution activities on supported palladium nanoparticles in acid and base [J]. Journal of the Electrochemical Society, 2016, 163 (6): F499-F506.

[23] Nielsen R M, Murphy S, Strebel C, et al. The morphology of mass selected ruthenium nanoparticles from a magnetron-sputter gas-aggregation source [J]. Journal of Nanoparticle Research, 2010, 12 (4): 1249-1262.

[24] Joshi U, Malkhandi S, Ren Y, et al. Ruthenium-tungsten composite catalyst for the efficient and contamination-resistant electrochemical evolution of hydrogen [J]. Acs Applied Materials & Interfaces, 2018, 10 (7): 6354-6360.

[25] Mahmood J, Li F, Jung S M, et al. An efficient and pH-universal ruthenium-based catalyst for the hydrogen evolution reaction [J]. Nature Nanotechnology, 2017, 12 (5): 441-446.

[26] Li F, Han G F, Noh H J, et al. Mechanochemically assisted synthesis of a Ru catalyst for hydrogen evolution with performance superior to Pt in both acidic and alkaline media [J]. Advanced Materials, 2018, 30 (44): 1803676.

[27] Liu Y, Liu S L, Wang Y, et al. Ru modulation effects in the synthesis of unique rod-like Ni@ Ni$_2$P-Ru heterostructures and their remarkable electrocatalytic hydrogen evolution performance [J]. Journal of the American Chemical Society, 2018, 140 (8): 2731-2734.

[28] Wang Z L, Sun K J, Henzie J, et al. Spatially confined assembly of monodisperse ruthenium nanoclusters in a hierarchically ordered carbon electrode for efficient hydrogen evolution [J]. Angewandte Chemie-International Edition, 2018, 57 (20): 5848-5852.

［29］ Ahn S H, Hwang S J, Yoo S J, et al. Electrodeposited Ni dendrites with high activity and durability for hydrogen evolution reaction in alkaline water electrolysis ［J］. Journal of Materials Chemistry, 2012, 22 (30): 15153-15159.

［30］ Zou X X, Zhang Y. Noble metal-free hydrogen evolution catalysts for water splitting ［J］. Chemical Society Reviews, 2015, 44 (15): 5148-5180.

［31］ Zhang L L, Zhu S Q, Dong S Y, et al. Co nanoparticles encapsulated in porous N-doped carbon nanofibers as an efficient electrocatalyst for hydrogen evolution reaction ［J］. Journal of the Electrochemical Society, 2018, 165 (15): J3271-J3275.

［32］ Wang J, Gao D F, Wang G X, et al. Cobalt nanoparticles encapsulated in nitrogen-doped carbon as a bifunctional catalyst for water electrolysis ［J］. Journal of Materials Chemistry A, 2014, 2 (47): 20067-20074.

［33］ Bai S, Wang C M, Deng M S, et al. Surface polarization matters: Enhancing the hydrogen-evolution reaction by shrinking Pt shells in Pt-Pd-graphene stack structures ［J］. Angewandte Chemie-International Edition, 2014, 53 (45): 12120-12124.

［34］ Lv H, Chen X, Xu D D, et al. Ultrathin PdPt bimetallic nanowires with enhanced electrocatalytic performance for hydrogen evolution reaction ［J］. Applied Catalysis B-Environmental, 2018, 238: 525-532.

［35］ Shao F Q, Zhu X Y, Wang A J, et al. One-pot synthesis of hollow AgPt alloyed nanocrystals with enhanced electrocatalytic activity for hydrogen evolution and oxygen reduction reactions ［J］. Journal of Colloid and Interface Science, 2017, 505: 307-314.

［36］ Yang T T, Zhu H, Wan M, et al. Highly efficient and durable PtCo alloy nanoparticles encapsulated in carbon nanofibers for electrochemical hydrogen generation ［J］. Chemical Communications, 2016, 52 (5): 990-993.

［37］ Ren W N, Zang W J, Zhang H F, et al. PtCo bimetallic nanoparticles encapsulated in N-doped carbon nanorod arrays for efficient electrocatalysis ［J］. Carbon, 2019, 142: 206-216.

［38］ Cao Z M, Chen Q L, Zhang J W, et al. Platinum-nickel alloy excavated nano-multipods with hexagonal close-packed structure and superior activity towards hydrogen evolution reaction ［J］. Nature Communications, 2017, 8: 15131.

［39］ Wang P T, Jiang K Z, Wang G M, et al. Phase and interface engineering of platinum-nickel nanowires for efficient electrochemical hydrogen evolution ［J］. Angewandte Chemie-International Edition, 2016, 55 (41): 12859-12863.

［40］ Zhong X, Wang L, Zhuang Z Z, et al. Double nanoporous structure with nanoporous PtFe embedded in graphene nanopores: Highly efficient bifunctional electrocatalysts for hydrogen evolution and oxygen reduction ［J］. Advanced Materials Interfaces, 2017, 4 (5): 1-2.

［41］ Abbaspour A, Norouz-Sarvestani F. High electrocatalytic effect of Au-Pd alloy nanoparticles electrodeposited on microwave assisted sol-gel-derived carbon ceramic electrode for hydrogen evolution reaction ［J］. International Journal of Hydrogen Energy, 2013, 38 (4): 1883-1891.

[42] Quaino P, Santos E, Wolfschmidt H, et al. Theory meets experiment: Electrocatalysis of hydrogen oxidation/evolution at Pd-Au nanostructures [J]. Catalysis Today, 2011, 177 (1): 55-63.

[43] Schafer P J, Kibler L A. Incorporation of Pd into Au (111): Enhanced electrocatalytic activity for the hydrogen evolution reaction [J]. Physical Chemistry Chemical Physics, 2010, 12 (46): 15225-15230.

[44] Luo Y Q, Luo X, Wu G, et al. Mesoporous Pd @ Ru core-shell nanorods for hydrogen evolution reaction in alkaline solution [J]. Acs Applied Materials & Interfaces, 2018, 10 (40): 34147-34152.

[45] Cardoso J, Amaral L, Metin O, et al. Reduced graphene oxide assembled Pd-based nanoalloys for hydrogen evolution reaction [J]. International Journal of Hydrogen Energy, 2017, 42 (7): 3916-3925.

[46] Chen J T, Xia G L, Jiang P, et al. Active and durable hydrogen evolution reaction catalyst derived from Pd-doped metal-organic frameworks [J]. Acs Applied Materials & Interfaces, 2016, 8 (21): 13378-13383.

[47] Su J W, Yang Y, Xia G L, et al. Ruthenium-cobalt nanoalloys encapsulated in nitrogen-doped graphene as active electrocatalysts for producing hydrogen in alkaline media [J]. Nature Communications, 2017, 8: 14969.

[48] Zhang C H, Liu Y, Chang Y X, et al. Component-controlled synthesis of necklace-like hollow $Ni_xRu_y$ nanoalloys as electrocatalysts for hydrogen evolution reaction [J]. Acs Applied Materials & Interfaces, 2017, 9 (20): 17327-17337.

[49] Wang J, Zhu H, Yu D N, et al. Engineering the composition and structure of bimetallic Au-Cu alloy nanoparticles in carbon nanofibers: Self-supported electrode materials for electrocatalytic water splitting [J]. Acs Applied Materials & Interfaces, 2017, 9 (23): 19756-19765.

[50] Zhang L S, Lu J J, Yin S B, et al. One-pot synthesized boron-doped RhFe alloy with enhanced catalytic performance for hydrogen evolution reaction [J]. Applied Catalysis B-Environmental, 2018, 230: 58-64.

[51] Jiang P, Chen J T, Wang C L, et al. Tuning the activity of carbon for electrocatalytic hydrogen evolution via an iridium-cobalt alloy core encapsulated in nitrogen-doped carbon cages [J]. Advanced Materials, 2018, 30 (9): 1705324.

[52] Zhang J, Wang T, Liu P, et al. Efficient hydrogen production on $MoNi_4$ electrocatalysts with fast water dissociation kinetics [J]. Nature Communications, 2017, 8: 15437.

[53] Du L, Luo L L, Feng Z X, et al. Nitrogen-doped graphitized carbon shell encapsulated NiFe nanoparticles: A highly durable oxygen evolution catalyst [J]. Nano Energy, 2017, 39: 245-252.

[54] Shen Y, Zhou Y F, Wang D, et al. Nickel-copper alloy encapsulated in graphitic carbon shells as electrocatalysts for hydrogen evolution reaction [J]. Advanced Energy Materials, 2018, 8 (2): 1701759.

[55] Deng J, Ren P J, Deng D H, et al. Highly active and durable non-precious-metal catalysts encapsulated in carbon nanotubes for hydrogen evolution reaction [J]. Energy & Environmental Science, 2014, 7 (6): 1919-1923.

[56] Deng D H, Novoselov K S, Fu Q, et al. Catalysis with two-dimensional materials and their heterostructures [J]. Nature Nanotechnology, 2016, 11 (3): 218-230.

[57] Deng J, Ren P J, Deng D H, et al. Enhanced electron penetration through an ultrathin graphene layer for highly efficient catalysis of the hydrogen evolution reaction [J]. Angewandte Chemie-International Edition, 2015, 54 (7): 2100-2104.

[58] Kuang M, Wang Q H, Han P, et al. Cu, Co-embedded N-enriched mesoporous carbon for efficient oxygen reduction and hydrogen evolution reactions [J]. Advanced Energy Materials, 2017, 7 (17): 1700193.

[59] Yang Y, Lun Z Y, Xia G L, et al. Non-precious alloy encapsulated in nitrogen-doped graphene layers derived from MOFs as an active and durable hydrogen evolution reaction catalyst [J]. Energy & Environmental Science, 2015, 8 (12): 3563-3571.

[60] Hu L, Zhang R R, Wei L Z, et al. Synthesis of FeCo nanocrystals encapsulated in nitrogen-doped graphene layers for use as highly efficient catalysts for reduction reactions [J]. Nanoscale, 2015, 7 (2): 450-454.

[61] Shang Z X, Chen Z L, Zhang Z B, et al. CoFe nanoalloy particles encapsulated in nitrogen-doped carbon layers as bifunctional oxygen catalyst derived from a Prussian blue analogue [J]. Journal of Alloys and Compounds, 2018, 740: 743-753.

[62] Chen J Y, Ge Y C, Feng Q Y, et al. Nesting $Co_3Mo$ binary alloy nanoparticles onto molybdenum oxide nanosheet arrays for superior hydrogen evolution reaction [J]. Acs Applied Materials & Interfaces, 2019, 11 (9): 9002-9010.

[63] Li H Y, Tang Q W, He B L, et al. Robust electrocatalysts from an alloyed Pt-Ru-M (M = Cr, Fe, Co, Ni, Mo) -decorated Ti mesh for hydrogen evolution by seawater splitting [J]. Journal of Materials Chemistry A, 2016, 4 (17): 6513-6520.

[64] Shen Y, Lua A C, Xi J Y, et al. Ternary platinum-copper-nickel nanoparticles anchored to hierarchical carbon supports as free-standing hydrogen evolution electrodes [J]. Acs Applied Materials & Interfaces, 2016, 8 (5): 3464-3472.

[65] Cherevko S, Geiger S, Kasian O, et al. Oxygen and hydrogen evolution reactions on Ru, $RuO_2$, Ir, and $IrO_2$ thin film electrodes in acidic and alkaline electrolytes: A comparative study on activity and stability [J]. Catalysis Today, 2016, 262: 170-180.

[66] Subbaraman R, Tripkovic D, Chang K C, et al. Trends in activity for the water electrolyser reactions on 3d M (Ni, Co, Fe, Mn) hydr (oxy) oxide catalysts [J]. Nature Materials, 2012, 11 (6): 550-557.

[67] Trotochaud L, Young S L, Ranney J K, et al. Nickel-iron oxyhydroxide oxygen-evolution electrocatalysts: The role of intentional and incidental iron incorporation [J]. Journal of the American Chemical Society, 2014, 136 (18): 6744-6753.

［68］ Song F, Hu X L. Exfoliation of layered double hydroxides for enhanced oxygen evolution catalysis ［J］. Nature Communications, 2014, 5.

［69］ Zhang B, Zheng X L, Voznyy O, et al. Homogeneously dispersed multimetal oxygen-evolving catalysts ［J］. Science, 2016, 352 (6283): 333-337.

［70］ Ling T, Zhang T, Ge B, et al. Well-dispersed nickel- and zinc-tailored electronic structure of a transition metal oxide for highly active alkaline hydrogen evolution reaction ［J］. Advanced Materials, 2019, 31 (16): 1807771.

［71］ Jin Y S, Wang H T, Li J J, et al. Porous $MoO_2$ nanosheets as non-noble bifunctional electrocatalysts for overall water splitting ［J］. Advanced Materials, 2016, 28 (19): 3785-3790.

［72］ Li Y, Yu Z G, Wang L, et al. Electronic-reconstruction-enhanced hydrogen evolution catalysis in oxide polymorphs ［J］. Nature Communications, 2019, 10 (1): 3149.

［73］ Zhao Y X, Chang C, Teng F, et al. Defect-engineered ultrathin delta-$MnO_2$ nanosheet arrays as bifunctional electrodes for efficient overall water splitting ［J］. Advanced Energy Materials, 2017, 7 (18): 1700005.

［74］ Tang Y J, Gao M R, Liu C H, et al. Porous molybdenum-based hybrid catalysts for highly efficient hydrogen evolution ［J］. Angewandte Chemie-International Edition, 2015, 54 (44): 12928-12932.

［75］ Li Y H, Liu P F, Pan L F, et al. Local atomic structure modulations activate metal oxide as electrocatalyst for hydrogen evolution in acidic water ［J］. Nature Communications, 2015, 6 (1): 8064.

［76］ Luo Z, Miao R, Huan T D, et al. Mesoporous $MoO_{3-x}$ material as an efficient electrocatalyst for hydrogen evolution reactions ［J］. Advanced Energy Materials, 2016, 6 (16): 1600528.

［77］ Wu R, Zhang J F, Shi Y M, et al. Metallic $WO_2$-Carbon mesoporous nanowires as highly efficient electrocatalysts for hydrogen evolution reaction ［J］. Journal of the American Chemical Society, 2015, 137 (22): 6983-6986.

［78］ Jing S Y, Lu J J, Yu G T, et al. Carbon-encapsulated $WO_x$ hybrids as efficient catalysts for hydrogen evolution ［J］. Advanced Materials, 2018, 30 (28): 1705979.

［79］ Vojvodic A, Norskov J K. Optimizing perovskites for the water-splitting reaction ［J］. Science, 2011, 334 (6061): 1355-1356.

［80］ Suntivich J, May K J, Gasteiger H A, et al. A perovskite oxide optimized for oxygen evolution catalysis from molecular orbital principles ［J］. Science, 2011, 334 (6061): 1383-1385.

［81］ Yagi S, Yamada I, Tsukasaki H, et al. Covalency-reinforced oxygen evolution reaction catalyst ［J］. Nature Communications, 2015, 6: 8249.

［82］ Li M, Xiong Y P, Liu X T, et al. Facile synthesis of electrospun $MFe_2O_4$ (M = Co, Ni, Cu, Mn) spinel nanofibers with excellent electrocatalytic properties for oxygen evolution and hydrogen peroxide reduction ［J］. Nanoscale, 2015, 7 (19): 8920-8930.

［83］ Al-Hoshan M S, Singh J P, Al-Mayouf A M, et al. Synthesis, physicochemical and electrochemical properties of nickel ferrite spinels obtained by hydrothermal method for the oxygen evolution reaction (OER) [J]. International Journal of Electrochemical Science, 2012, 7 (6): 4959-4973.

[84] Hirai S, Yagi S, Seno A, et al. Enhancement of the oxygen evolution reaction in $Mn^{3+}$-based electrocatalysts: Correlation between Jahn-Teller distortion and catalytic activity [J]. Rsc Advances, 2016, 6 (3): 2019-2023.

[85] Wang H Y, Hung S F, Chen H Y, et al. In operando identification of geometrical-site-dependent water oxidation activity of spinel $Co_3O_4$ [J]. Journal of the American Chemical Society, 2016, 138 (1): 36-39.

[86] Zhu Y P, Chen G, Xu X M, et al. Enhancing electrocatalytic activity for hydrogen evolution by strongly coupled molybdenum Nitride@ Nitrogen-doped carbon porous nano-octahedrons [J]. Acs Catalysis, 2017, 7 (5): 3540-3547.

[87] Wang M Q, Tang C, Ye C, et al. Engineering the nanostructure of molybdenum nitride nanodot embedded N-doped porous hollow carbon nanochains for rapid all pH hydrogen evolution [J]. Journal of Materials Chemistry A, 2018, 6 (30): 14734-14741.

[88] Ren B W, Li D Q, Jin Q Y, et al. A self-supported porous WN nanowire array: An efficient 3D electrocatalyst for the hydrogen evolution reaction [J]. Journal of Materials Chemistry A, 2017, 5 (36): 19072-19078.

[89] Zhu Y P, Chen G, Zhong Y J, et al. Rationally designed hierarchically structured tungsten nitride and nitrogen-rich graphene-like carbon nanocomposite as efficient hydrogen evolution electrocatalyst [J]. Advanced Science, 2018, 5 (2): 1700603.

[90] Shalom M, Ressnig D, Yang X F, et al. Nickel nitride as an efficient electrocatalyst for water splitting [J]. Journal of Materials Chemistry A, 2015, 3 (15): 8171-8177.

[91] Xing Z C, Li Q, Wang D W, et al. Self-supported nickel nitride as an efficient high-performance three-dimensional cathode for the alkaline hydrogen evolution reaction [J]. Electrochimica Acta, 2016, 191: 841-845.

[92] Gao D Q, Zhang J Y, Wang T T, et al. Metallic $Ni_3N$ nanosheets with exposed active surface sites for efficient hydrogen evolution [J]. Journal of Materials Chemistry A, 2016, 4 (44): 17363-17369.

[93] Chen W F, Sasaki K, Ma C, et al. Hydrogen-evolution catalysts based on non-noble metal nickel-molybdenum nitride nanosheets [J]. Angewandte Chemie-International Edition, 2012, 51 (25): 6131-6135.

[94] Cao B F, Veith G M, Neufeind J C, et al. Mixed close-packed cobalt molybdenum nitrides as non-noble metal electrocatalysts for the hydrogen evolution reaction [J]. Journal of the American Chemical Society, 2013, 135 (51): 19186-19192.

[95] Gu Y, Chen S, Ren J, et al. Electronic structure tuning in $Ni_3FeN$/r-GO aerogel toward bifunctional electrocatalyst for overall water splitting [J]. Acs Nano, 2018, 12 (1): 245-253.

[96] Jia J R, Zhai M K, Lv J J, et al. Nickel molybdenum nitride nanorods grown on Ni foam as efficient and stable bifunctional electrocatalysts for overall water splitting [J]. Acs Applied Materials & Interfaces, 2018, 10 (36): 30400-30408.

[97] Shi X, Wu A P, Yan H J, et al. A "MOFs plus MOFs" strategy toward Co-Mo$_2$N tubes for efficient electrocatalytic overall water splitting [J]. Journal of Materials Chemistry A, 2018, 6 (41): 20100-20109.

[98] Fan M H, Zheng Y N, Li A, et al. Janus CoN/Co cocatalyst in porous N-doped carbon: Toward enhanced catalytic activity for hydrogen evolution [J]. Catalysis Science & Technology, 2018, 8 (14): 3695-3703.

[99] Chen Z Y, Song Y, Cai J Y, et al. Tailoring the d-band centers enables Co$_4$N nanosheets to be highly active for hydrogen evolution catalysis [J]. Angewandte Chemie-International Edition, 2018, 57 (18): 5076-5080.

[100] Hu J, Huang B, Zhang C, et al. Engineering stepped edge surface structures of MoS$_2$ sheet stacks to accelerate the hydrogen evolution reaction [J]. Energy & Environmental Science, 2017, 10 (2): 593-603.

[101] Tsai C, Chan K R, Norskov J K, et al. Theoretical insights into the hydrogen evolution activity of layered transition metal dichalcogenides [J]. Surface Science, 2015, 640: 133-140.

[102] Voiry D, Mohite A, Chhowalla M. Phase engineering of transition metal dichalcogenides [J]. Chemical Society Reviews, 2015, 44 (9): 2702-2712.

[103] Maitra U, Gupta U, De M, et al. Highly effective visible-light-induced H$_2$ generation by single-layer 1T-MoS$_2$ and a nanocomposite of few-layer 2H-MoS$_2$ with heavily nitrogenated graphene [J]. Angewandte Chemie-International Edition, 2013, 52 (49): 13057-13061.

[104] Voiry D, Yamaguchi H, Li J W, et al. Enhanced catalytic activity in strained chemically exfoliated WS$_2$ nanosheets for hydrogen evolution [J]. Nature Materials, 2013, 12 (9): 850-855.

[105] Jaramillo T F, Jorgensen K P, Bonde J, et al. Identification of active edge sites for electrochemical H$_2$ evolution from MoS$_2$ nanocatalysts [J]. Science, 2007, 317 (5834): 100-102.

[106] Kibsgaard J, Chen Z B, Reinecke B N, et al. Engineering the surface structure of MoS$_2$ to preferentially expose active edge sites for electrocatalysis [J]. Nature Materials, 2012, 11 (11): 963-969.

[107] Kong D S, Wang H T, Cha J J, et al. Synthesis of MoS$_2$ and MoSe$_2$ films with vertically aligned layers [J]. Nano Letters, 2013, 13 (3): 1341-1347.

[108] Yang L, Hong H, Fu Q, et al. Single-crystal atomic-layered molybdenum disulfide nanobelts with high surface activity [J]. Acs Nano, 2015, 9 (6): 6478-6483.

[109] Xie J F, Zhang H, Li S, et al. Defect-rich MoS$_2$ ultrathin nanosheets with additional active edge sites for enhanced electrocatalytic hydrogen evolution [J]. Advanced Materials, 2013,

25 (40): 5807.

[110] Zhang C X, Jiang L, Zhang Y J, et al. Janus effect of $O_2$ plasma modification on the electrocatalytic hydrogen evolution reaction of $MoS_2$ [J]. Journal of Catalysis, 2018, 361: 384-392.

[111] Xu Q C, Liu Y, Jiang H, et al. Unsaturated sulfur edge engineering of strongly coupled $MoS_2$ nanosheet-carbon macroporous hybrid catalyst for enhanced hydrogen generation [J]. Advanced Energy Materials, 2019, 9 (2): 1802553.

[112] Ji Z, Trickett C, Pei X K, et al. Linking molybdenum-sulfur clusters for electrocatalytic hydrogen evolution [J]. Journal of the American Chemical Society, 2018, 140 (42): 13618-13622.

[113] Li H, Tsai C, Koh A L, et al. Activating and optimizing $MoS_2$ basal planes for hydrogen evolution through the formation of strained sulphur vacancies [J]. Nature Materials, 2016, 15 (1): 48-56.

[114] Tsai C, Li H, Park S, et al. Electrochemical generation of sulfur vacancies in the basal plane of $MoS_2$ for hydrogen evolution [J]. Nature Communications, 2017, 8: 15113.

[115] Deng J, Li H B, Xiao J P, et al. Triggering the electrocatalytic hydrogen evolution activity of the inert two-dimensional $MoS_2$ surface via single-atom metal doping [J]. Energy & Environmental Science, 2015, 8 (5): 1594-1601.

[116] Zhang J, Wang T, Liu P, et al. Engineering water dissociation sites in $MoS_2$ nanosheets for accelerated electrocatalytic hydrogen production [J]. Energy & Environmental Science, 2016, 9 (9): 2789-2793.

[117] Xie J F, Zhang J J, Li S, et al. Controllable disorder engineering in oxygen-incorporated $MoS_2$ ultrathin nanosheets for efficient hydrogen evolution [J]. Journal of the American Chemical Society, 2013, 135 (47): 17881-17888.

[118] Liu P T, Zhu J Y, Zhang J Y, et al. P Dopants triggered new basal plane active sites and enlarged interlayer spacing in $MoS_2$ nanosheets toward electrocatalytic hydrogen evolution [J]. Acs Energy Letters, 2017, 2 (4): 745-752.

[119] Komsa H P, Krasheninnikov A V. Two-dimensional transition metal dichalcogenide alloys: Stability and electronic properties [J]. Journal of Physical Chemistry Letters, 2012, 3 (23): 3652-3656.

[120] Tsai C, Chan K R, Abild-Pedersen F, et al. Active edge sites in $MoSe_2$ and $WSe_2$ catalysts for the hydrogen evolution reaction: A density functional study [J]. Physical Chemistry Chemical Physics, 2014, 16 (26): 13156-13164.

[121] Xu K, Wang F M, Wang Z X, et al. Component-controllable $WS_{2(1-x)}Se_{2x}$ nanotubes for efficient hydrogen evolution reaction [J]. Acs Nano, 2014, 8 (8): 8468-8476.

[122] Zhou H Q, Yu F, Huang Y F, et al. Efficient hydrogen evolution by ternary molybdenum sulfoselenide particles on self-standing porous nickel diselenide foam [J]. Nature Communications, 2016, 7: 12765.

[123] Zhou H Q, Yu F, Sun J Y, et al. Highly efficient hydrogen evolution from edge-oriented $WS_{2(1-x)}Se_{2x}$ particles on three-dimensional porous $NiSe_2$ foam [J]. Nano Letters, 2016, 16 (12): 7604-7609.

[124] Lukowski M A, Daniel A S, Meng F, et al. Enhanced hydrogen evolution catalysis from chemically exfoliated metallic $MoS_2$ nanosheets [J]. Journal of the American Chemical Society, 2013, 135 (28): 10274-10277.

[125] Voiry D, Salehi M, Silva R, et al. Conducting $MoS_2$ nanosheets as catalysts for hydrogen evolution reaction [J]. Nano Letters, 2013, 13 (12): 6222-6227.

[126] Tan C L, Luo Z M, Chaturvedi A, et al. Preparation of high-percentage 1T-phase transition metal dichalcogenide nanodots for electrochemical hydrogen evolution [J]. Advanced Materials, 2018, 30 (9): 1705509.

[127] He R, Hua J, Zhang A Q, et al. Molybdenum disulfide-black phosphorus hybrid nanosheets as a superior catalyst for electrochemical hydrogen evolution [J]. Nano Letters, 2017, 17 (7): 4311-4316.

[128] Solomon G, Mazzaro R, You S, et al. $Ag_2S/MoS_2$ nanocomposites anchored on reduced graphene oxide: Fast interfacial charge transfer for hydrogen evolution reaction [J]. ACS Applied Materials & Interfaces, 2019, 11 (25): 22380-22389.

[129] Hu J, Zhang C, Zhang Y, et al. Interface modulation of $MoS_2$/metal oxide heterostructures for efficient hydrogen evolution electrocatalysis [J]. Small, 2020, 16 (28): 2002212.

[130] Lukowski M A, Daniel A S, English C R, et al. Highly active hydrogen evolution catalysis from metallic $WS_2$ nanosheets [J]. Energy & Environmental Science, 2014, 7 (8): 2608-2613.

[131] Shi X J, Fields M, Park J, et al. Rapid flame doping of Co to $WS_2$ for efficient hydrogen evolution [J]. Energy & Environmental Science, 2018, 11 (8): 2270-2277.

[132] Tang K, Wang X F, Li Q, et al. High edge selectivity of in situ electrochemical Pt deposition on edge-rich layered $WS_2$ nanosheets [J]. Advanced Materials, 2018, 30 (7): 1704779.

[133] Chung D Y, Han J W, Lim D H, et al. Structure dependent active sites of $Ni_xS_y$ as electrocatalysts for hydrogen evolution reaction [J]. Nanoscale, 2015, 7 (12): 5157-5163.

[134] Jiang N, Tang Q, Sheng M L, et al. Nickel sulfides for electrocatalytic hydrogen evolution under alkaline conditions: a case study of crystalline NiS, $NiS_2$, and $Ni_3S_2$ nanoparticles [J]. Catalysis Science & Technology, 2016, 6 (4): 1077-1084.

[135] Yin J, Jin J, Zhang H, et al. Atomic arrangement in metal-doped $NiS_2$ boosts the hydrogen evolution reaction in alkaline media [J]. Angewandte Chemie International Edition, 2019, 58 (51): 18676-18682.

[136] Ouyang C B, Wang X, Wang S Y. Phosphorus-doped $CoS_2$ nanosheet arrays as ultra-efficient electrocatalysts for the hydrogen evolution reaction [J]. Chemical Communications, 2015, 51 (75): 14160-14163.

[137] Di Giovanni C, Wang W A, Nowak S, et al. Bioinspired iron sulfide nanoparticles for cheap

and long-lived electrocatalytic molecular hydrogen evolution in neutral water [J]. Acs Catalysis, 2014, 4 (2): 681-687.

[138] Chen Y N, Xu S M, Li Y C, et al. FeS$_2$ nanoparticles embedded in reduced graphene oxide toward robust, high-performance electrocatalysts [J]. Advanced Energy Materials, 2017, 7 (19): 1700482.

[139] Cui M, Yang C, Li B, et al. High-entropy metal sulfide nanoparticles promise high-performance oxygen evolution reaction [J]. Advanced Energy Materials, 2021, 11 (3): 2002887.

[140] Liu P, Rodriguez J A. Catalysts for hydrogen evolution from the NiFe hydrogenase to the Ni$_2$P (001) surface: The importance of ensemble effect [J]. Journal of the American Chemical Society, 2005, 127 (42): 14871-14878.

[141] Xiao P, Sk M A, Thia L, et al. Molybdenum phosphide as an efficient electrocatalyst for the hydrogen evolution reaction [J]. Energy & Environmental Science, 2014, 7 (8): 2624-2629.

[142] Popczun E J, McKone J R, Read C G, et al. Nanostructured nickel phosphide as an electrocatalyst for the hydrogen evolution reaction [J]. Journal of the American Chemical Society, 2013, 135 (25): 9267-9270.

[143] Li Y F, Selloni A. Mechanism and activity of water oxidation on selected surfaces of pure and Fe-doped NiO$_x$ [J]. Acs Catalysis, 2014, 4 (4): 1148-1153.

[144] Pu Z H, Liu Q, Asiri A M, et al. Tungsten phosphide nanorod arrays directly grown on carbon cloth: A highly efficient and stable hydrogen evolution cathode at all pH values [J]. Acs Applied Materials & Interfaces, 2014, 6 (24): 21874-21879.

[145] Tian J Q, Liu Q, Asiri A M, et al. Self-supported nanoporous cobalt phosphide nanowire arrays: An efficient 3D hydrogen-evolving cathode over the wide range of pH 0 ~ 14 [J]. Journal of the American Chemical Society, 2014, 136 (21): 7587-7590.

[146] Pan Y, Liu Y R, Zhao J C, et al. Monodispersed nickel phosphide nanocrystals with different phases: synthesis, characterization and electrocatalytic properties for hydrogen evolution [J]. Journal of Materials Chemistry A, 2015, 3 (4): 1656-1665.

[147] Callejas J F, Read C G, Popczun E J, et al. Nanostructured Co$_2$P electrocatalyst for the hydrogen evolution reaction and direct comparison with morphologically equivalent CoP [J]. Chemistry of Materials, 2015, 27 (10): 3769-3774.

[148] Schipper D E, Zhao Z H, Thirumalai H, et al. Effects of catalyst phase on the hydrogen evolution reaction of water splitting: Preparation of phase-pure films of FeP, Fe$_2$P, and Fe$_3$P and their relative catalytic activities [J]. Chemistry of Materials, 2018, 30 (10): 3588-3598.

[149] Wang M Q, Ye C, Liu H, et al. Nanosized metal phosphides embedded in nitrogen-doped porous carbon nanofibers for enhanced hydrogen evolution at all pH values [J]. Angewandte Chemie-International Edition, 2018, 57 (7): 1963-1967.

[150] Li H, Zhao X L, Liu H L, et al. Sub-1.5nm ultrathin CoP nanosheet aerogel: Efficient electrocatalyst for hydrogen evolution reaction at all pH values [J]. Small, 2018, 14 (41): 1802824.

[151] Zeng Y F, Wang Y Y, Huang G, et al. Porous CoP nanosheets converted from layered double hydroxides with superior electrochemical activity for hydrogen evolution reactions at wide pH ranges [J]. Chemical Communications, 2018, 54 (12): 1465-1468.

[152] Zhang C, Huang Y, Yu Y F, et al. Sub-1.1 nm ultrathin porous CoP nanosheets with dominant reactive {200} facets: A high mass activity and efficient electrocatalyst for the hydrogen evolution reaction [J]. Chemical Science, 2017, 8 (4): 2769-2775.

[153] Zhang X, Yu X L, Zhang L J, et al. Molybdenum phosphide/carbon nanotube hybrids as pH-universal electrocatalysts for hydrogen evolution reaction [J]. Advanced Functional Materials, 2018, 28 (16): 1706523.

[154] Wang R, Dong X Y, Du J, et al. MOF-derived bifunctional $Cu_3P$ nanoparticles coated by a N, P-codoped carbon shell for hydrogen evolution and oxygen reduction [J]. Advanced Materials, 2018, 30 (6): 1703711.

[155] Huang C, Pi C R, Zhang X M, et al. In situ synthesis of MoP nanoflakes intercalated N-doped graphene nanobelts from $MoO_3$-amine hybrid for high-efficient hydrogen evolution reaction [J]. Small, 2018, 14 (25): 4140419.

[156] Duan J, Chen S, Ortíz-Ledón C A, et al. Phosphorus vacancies that boost electrocatalytic hydrogen evolution by two orders of magnitude [J]. Angewandte Chemie International Edition, 2020, 59 (21): 8181-8186.

[157] Zhuo J Q, Caban-Acevedo M, Liang H F, et al. High-performance electrocatalysis for hydrogen evolution reaction using Se-doped pyrite-phase nickel diphosphide nanostructures [J]. Acs Catalysis, 2015, 5 (11): 6355-6361.

[158] Duan J J, Chen S, Vasileff A, et al. Anion and cation modulation in metal compounds for bifunctional overall water splitting [J]. Acs Nano, 2016, 10 (9): 8738-8745.

[159] Caban-Acevedo M, Stone M L, Schmidt J R, et al. Efficient hydrogen evolution catalysis using ternary pyrite-type cobalt phosphosulphide [J]. Nature Materials, 2015, 14 (12): 1245-1251.

[160] Liu W, Hu E Y, Jiang H, et al. A highly active and stable hydrogen evolution catalyst based on pyrite-structured cobalt phosphosulfide [J]. Nature Communications, 2016, 7: 10771.

[161] Sarkar S, Sampath S. Equiatomic ternary chalcogenide: PdPS and its reduced graphene oxide composite for efficient electrocatalytic hydrogen evolution [J]. Chemical Communications, 2014, 50 (55): 7359-7362.

[162] Mukherjee D, Austeria P M, Sampath S. Two-dimensional, few-layer phosphochalcogenide, $FePS_3$: A new catalyst for electrochemical hydrogen evolution over wide pH range [J]. Acs Energy Letters, 2016, 1 (2): 367-372.

[163] Kibsgaard J, Jaramillo T F. Molybdenum phosphosulfide: An active, acid-stable, earth-

structures with enhanced electrocatalytic activity for hydrogen evolution [J]. Advanced Materials, 2016, 28 (1): 92-97.

[245] Cummins D R, Martinez U, Sherehiy A, et al. Efficient hydrogen evolution in transition metal dichalcogenides via a simple one-step hydrazine reaction [J]. Nature Communications, 2016, 7: 11857.

[246] Strmcnik D, Kodama K, van der Vliet D, et al. The role of non-covalent interactions in electrocatalytic fuel-cell reactions on platinum [J]. Nature Chemistry, 2009, 1 (6): 466-472.

[247] Tsai C, Abild-Pedersen F, Norskov J K. Tuning the $MoS_2$ edge-site activity for hydrogen evolution via support interactions [J]. Nano Letters, 2014, 14 (3): 1381-1387.

[248] Bollinger M V, Lauritsen J V, Jacobsen K W, et al. One-dimensional metallic edge states in $MoS_2$ [J]. Physical Review Letters, 2001, 87 (19): 196803.

[249] Norskov J K, Bligaard T, Logadottir A, et al. Trends in the exchange current for hydrogen evolution [J]. Journal of the Electrochemical Society, 2005, 152 (3): J23-J26.

[250] Gong M, Li Y G, Wang H L, et al. An advanced Ni-Fe layered double hydroxide electrocatalyst for water oxidation [J]. Journal of the American Chemical Society, 2013, 135 (23): 8452-8455.

[251] Liang H F, Meng F, Caban-Acevedo M, et al. Hydrothermal continuous flow synthesis and exfoliation of NiCo layered double hydroxide nanosheets for enhanced oxygen evolution catalysis [J]. Nano Letters, 2015, 15 (2): 1421-1427.

[252] Zou X, Goswami A, Asefa T. Efficient noble metal-free (electro) catalysis of water and alcohol oxidations by zinc-cobalt layered double hydroxide [J]. Journal of the American Chemical Society, 2013, 135 (46): 17242-17245.

[253] Yuan C Z, Li J Y, Hou L R, et al. Ultrathin mesoporous $NiCo_2O_4$ nanosheets supported on Ni foam as advanced electrodes for supercapacitors [J]. Advanced Functional Materials, 2012, 22 (21): 4592-4597.

[254] Kibsgaard J, Jaramillo T F, Besenbacher F. Building an appropriate active-site motif into a hydrogen-evolution catalyst with thiomolybdate $Mo_3S_{13}^{2-}$ clusters [J]. Nature Chemistry, 2014, 6 (3): 248-253.

[255] Chen G F, Ma T Y, Liu Z Q, et al. Efficient and stable bifunctional electrocatalysts Ni/ $Ni_xM_y$ (M = P, S) for overall water splitting [J]. Advanced Functional Materials, 2016, 26 (19): 3314-3323.

[256] Gao X H, Zhang H X, Li Q G, et al. Hierarchical $NiCo_2O_4$ hollow microcuboids as bifunctional electrocatalysts for overall water-splitting [J]. Angewandte Chemie-International Edition, 2016, 55 (21): 6290-6294.

[257] Gong M, Zhou W, Tsai M C, et al. Nanoscale nickel oxide/nickel heterostructures for active hydrogen evolution electrocatalysis [J]. Nature Communications, 2014, 5: 4695.

[258] Liu Y P, Li Q J, Si R, et al. Coupling sub-nanometric copper clusters with quasi-amorphous

cobalt sulfide yields efficient and robust electrocatalysts for water splitting reaction [J]. Advanced Materials, 2017, 29 (13): 1606200.

[259] Peng Z, Jia D S, Al-Enizi A M, et al. From water oxidation to reduction: Homologous Ni-Co based nanowires as complementary water splitting electrocatalysts [J]. Advanced Energy Materials, 2015, 5 (9): 1402031.

[260] Sun C C, Dong Q C, Yang J, et al. Metal-organic framework derived CoSe₂ nanoparticles anchored on carbon fibers as bifunctional electrocatalysts for efficient overall water splitting [J]. Nano Research, 2016, 9 (8): 2234-2243.

[261] Wu Y Y, Li G D, Liu Y P, et al. Overall water splitting catalyzed efficiently by an ultrathin nanosheet-built, hollow Ni₃S₂-based electrocatalyst [J]. Advanced Functional Materials, 2016, 26 (27): 4839-4847.

[262] Zhang J, Wang T, Pohl D, et al. Interface engineering of MoS₂/Ni₃S₂ heterostructures for highly enhanced electrochemical overall-water-splitting activity [J]. Angewandte Chemie-International Edition, 2016, 55 (23): 6702-6707.

[263] Strmcnik D, Uchimura M, Wang C, et al. Improving the hydrogen oxidation reaction rate by promotion of hydroxyl adsorption [J]. Nature Chemistry, 2013, 5 (4): 300-306.

[264] Elbert K, Hu J, Ma Z, et al. Elucidating hydrogen oxidation/evolution kinetics in base and acid by enhanced activities at the optimized Pt shell thickness on the Ru core [J]. Acs Catalysis, 2015, 5 (11): 6764-6772.

[265] Wang J X, Springer T E, Adzic R R. Dual-pathway kinetic equation for the hydrogen oxidation reaction on Pt electrodes [J]. Journal of the Electrochemical Society, 2006, 153 (9): A1732-A1740.

[266] Wang J X, Springer T E, Liu P, et al. Hydrogen oxidation reaction on Pt in acidic media: Adsorption isotherm and activation free energies [J]. Journal of Physical Chemistry C, 2007, 111 (33): 12425-12433.

[267] Subbaraman R, Tripkovic D, Strmcnik D, et al. Enhancing hydrogen evolution activity in water splitting by tailoring Li⁺-Ni (OH)₂⁻ Pt interfaces [J]. Science, 2011, 334 (6060): 1256-1260.

[268] Wang P T, Zhang X, Zhang J, et al. Precise tuning in platinum-nickel/ nickel sulfide interface nanowires for synergistic hydrogen evolution catalysis [J]. Nature Communications, 2017, 8.

[269] Hasnip P J, Pickard C J. Electronic energy minimisation with ultrasoft pseudopotentials [J]. Computer Physics Communications, 2006, 174 (1): 24-29.

[270] Vanderbilt D. Soft sele-consistent pseudopotentials in a generalized eigenvalue formalism [J]. Physical Review B, 1990, 41 (11): 7892-7895.

[271] Dinh C T, Jain A, de Arquer F P G, et al. Multi-site electrocatalysts for hydrogen evolution in neutral media by destabilization of water molecules [J]. Nature Energy, 2019, 4 (2): 107-114.

[272] Hu J, Zhang C, Yang P, et al. Kinetic-oriented construction of $MoS_2$ synergistic interface to boost pH-universal hydrogen evolution [J]. Advanced Functional Materials, 2020, 30 (6): 1908520.

[273] Voiry D, Shin H S, Loh K P, et al. Low-dimensional catalysts for hydrogen evolution and $CO_2$ reduction [J]. Nature Reviews Chemistry, 2018, 2 (1): 1015.

[274] Huang C, Ouyang T, Zou Y, et al. Ultrathin $NiCo_2P_x$ nanosheets strongly coupled with CNTs as efficient and robust electrocatalysts for overall water splitting [J]. Journal of Materials Chemistry A, 2018, 6 (17): 7420-7427.

[275] Kwon T, Hwang H, Sa Y J, et al. Cobalt assisted synthesis of IrCu hollow octahedral nanocages as highly active electrocatalysts toward oxygen evolution reaction [J]. Advanced Functional Materials, 2017, 27 (7) 1604688.1-1604688.8.

[276] Wang J Y, Ouyang T, Li N, et al. S, N co-doped carbon nanotube-encapsulated core-shelled $CoS_2$@ Co nanoparticles: Efficient and stable bifunctional catalysts for overall water splitting [J]. Science Bulletin, 2018, 63 (17): 1130-1140.

[277] Hu J, Huang B L, Zhang C X, et al. Engineering stepped edge surface structures of $MoS_2$ sheet stacks to accelerate the hydrogen evolution reaction [J]. Energy & Environmental Science, 2017, 10 (2): 593-603.

[278] Chen Z L, Wu R B, Liu Y, et al. Ultrafine Co nanoparticles encapsulated in carbon-nanotubes-grafted graphene sheets as advanced electrocatalysts for the hydrogen evolution reaction [J]. Advanced Materials, 2018, 30 (30): 1802011.

[279] Kim M, Anjum M A R, Lee M, et al. Activating $MoS_2$ basal plane with $Ni_2P$ nanoparticles for Pt-like hydrogen evolution reaction in acidic media [J]. Advanced Functional Materials, 2019, 29 (10): 1809151.

[280] Lu X F, Yu L, Lou X W. Highly crystalline Ni-doped FeP/carbon hollow nanorods as all-pH efficient and durable hydrogen evolving electrocatalysts [J]. Science Advances, 2019, 5 (2): 1-9.

[281] Ma Y Y, Wu C X, Feng X J, et al. Highly efficient hydrogen evolution from seawater by a low-cost and stable CoMoP@ C electrocatalyst superior to Pt/C [J]. Energy & Environmental Science, 2017, 10 (3): 788-798.

[282] Ouyang T, Chen A N, He Z Z, et al. Rational design of atomically dispersed nickel active sites in beta-$Mo_2C$ for the hydrogen evolution reaction at all pH values [J]. Chemical Communications, 2018, 54 (71): 9901-9904.

[283] Wang H Q, Wang X Q, Yang D X, et al. $Co_{0.85}$Se hollow nanospheres anchored on N-doped graphene nanosheets as highly efficient, nonprecious electrocatalyst for hydrogen evolution reaction in both acid and alkaline media [J]. Journal of Power Sources, 2018, 400: 232-241.

[284] Wang Q, Zhao Z L, Dong S, et al. Design of active nickel single-atom decorated $MoS_2$ as a pH-universal catalyst for hydrogen evolution reaction [J]. Nano Energy, 2018, 53:

458-467.

[285] Yan H J, Xie Y, Jiao Y Q, et al. Holey reduced graphene oxide coupled with an $Mo_2N$-$Mo_2C$ heterojunction for efficient hydrogen evolution [J]. Advanced Materials, 2018, 30 (2): 1-8.

[286] Yang F L, Chen Y T, Cheng G Z, et al. Ultrathin nitrogen-doped carbon coated with CoP for efficient hydrogen evolution [J]. Acs Catalysis, 2017, 7 (6): 3824-3831.

[287] Zhang H B, An P F, Zhou W, et al. Dynamic traction of lattice-confined platinum atoms into mesoporous carbon matrix for hydrogen evolution reaction [J]. Science Advances, 2018, 4 (1): 1-9.

[288] Zhang X, Yu X L, Zhang L J, et al. Molybdenum phosphide/carbon nanotube hybrids as pH-universal electrocatalysts for hydrogen evolution reaction [J]. Advanced Functional Materials, 2018, 28 (16): 1706523. 1-1706523. 8.

[289] Qi Q, Hu J, Guo S, et al. Large-scale synthesis of low-cost bimetallic polyphthalocyanine for highly stable water oxidation [J]. Applied Catalysis B: Environmental, 2021, 299: 120637.

[290] Antolini E. Iridium as catalyst and cocatalyst for oxygen evolution/reduction in acidic polymer electrolyte membrane electrolyzers and fuel cells [J]. Acs Catalysis, 2014, 4 (5): 1426-1440.

[291] Seitz L C, Dickens C F, Nishio K, et al. A highly active and stable $IrO_x/SrIrO_3$ catalyst for the oxygen evolution reaction [J]. Science, 2016, 353 (6303): 1011-1014.

[292] Niu S, Kong X P, Li S, et al. Low Ru loading $RuO_2/(Co, Mn)_3O_4$ nanocomposite with modulated electronic structure for efficient oxygen evolution reaction in acid [J]. Applied Catalysis B: Environmental, 2021: 120442.

[293] Zhang Z, Qin Y, Dou M, et al. One-step conversion from Ni/Fe polyphthalocyanine to N-doped carbon supported Ni-Fe nanoparticles for highly efficient water splitting [J]. Nano Energy, 2016, 30: 426-433.

[294] Pan Y, Liu S, Sun K, et al. A bimetallic Zn/Fe polyphthalocyanine-derived single-atom Fe-$N_4$ catalytic site: A superior trifunctional catalyst for overall water splitting and Zn-Air batteries [J]. Angewandte Chemie-International Edition, 2018, 57 (28): 8614-8618.

[295] Zhang Z, Dou M, Liu H, et al. A facile route to bimetal and nitrogen-codoped 3D porous graphitic carbon networks for efficient oxygen reduction [J]. Small, 2016, 12 (31): 4193-4199.

[296] Yang S, Yu Y, Dou M, et al. Edge-functionalized polyphthalocyanine networks with high oxygen reduction reaction activity [J]. Journal of the American Chemical Society, 2020, 142 (41): 17524-17530.

[297] Sun C, Li Z, Yang J, et al. Two-dimensional closely packed amide polyphthalocyanine iron absorbed on Vulcan XC-72 as an efficient electrocatalyst for oxygen reduction reaction [J]. Catalysis Today, 2020, 353: 279-286.

[298] Han N, Wang Y, Ma L, et al. Supported cobalt polyphthalocyanine for high-performance

electrocatalytic CO$_2$ reduction [J]. Chem, 2017, 3 (4): 652-664.

[299] Ji X, Zou T, Gong H, et al. Cobalt phthalocyanine nanowires: Growth, crystal structure, and optical properties [J]. Crystal Research and Technology, 2016, 51 (2): 154-159.

[300] Wu H, Cao Y, Zhu G, et al. Pi-Conjugated polymeric phthalocyanine for the oxidative coupling of amines [J]. Chemical Communications, 2020, 56 (25): 3637-3640.

[301] Gao Y, Gong X, Zhong H, et al. In situ self-supporting cobalt embedded in nitrogen-doped porous carbon as efficient oxygen reduction electrocatalysts [J]. Chemelectrochem, 2020, 7 (19): 4024-4030.

[302] Wan W, Triana C A, Lan J, et al. Bifunctional single atom electrocatalysts: Coordination-performance correlations and reaction pathways [J]. Acs Nano, 2020, 14 (10): 13279-13293.

[303] Maslyuk V V, Aristov V Y, Molodtsova O V, et al. The electronic structure of cobalt phthalocyanine [J]. Applied Physics a-Materials Science & Processing, 2009, 94 (3): 485-489.

[304] Yang S, Yu Y, Dou M, et al. Two-dimensional conjugated aromatic networks as high-site-density and single-atom electrocatalysts for the oxygen reduction reaction [J]. Angewandte Chemie-International Edition, 2019, 58 (41): 14724-14730.

[305] Yeo B S, Bell A T. Enhanced activity of gold-supported cobalt oxide for the electrochemical evolution of oxygen [J]. Journal of the American Chemical Society, 2011, 133 (14): 5587-5593.

[306] Duan Y, Sun S, Xi S, et al. Tailoring the Co 3$d$O 2$p$ covalency in LaCoO$_3$ by Fe substitution to promote oxygen evolution reaction [J]. Chemistry of Materials, 2017, 29 (24): 10534-10541.

[307] Lin Q, Bu X, Kong A, et al. Heterometal-embedded organic conjugate frameworks from alternating monomeric iron and cobalt metalloporphyrins and their application in design of porous carbon catalysts [J]. Advanced Materials, 2015, 27 (22): 3431-3436.

[308] Niu W, Li L, Liu X, et al. Mesoporous N-doped carbons prepared with thermally removable nanoparticle templates: An efficient electrocatalyst for oxygen reduction reaction [J]. Journal of the American Chemical Society, 2015, 137 (16): 5555-5562.

[309] Kou Z, Yu Y, Liu X, et al. Potential-dependent phase transition and Mo-enriched surface reconstruction of gamma-CoOOH in a heterostructured Co-Mo$_2$C precatalyst enable water oxidation [J]. Acs Catalysis, 2020, 10 (7): 4411-4419.

[310] Liu S, Gao R T, Sun M, et al. In situ construction of hybrid Co(OH)$_2$ nanowires for promoting long-term water splitting [J]. Applied Catalysis B: Environmental, 2021, 292: 120063.

[311] Chen Z, Kronawitter C X, Yeh Y W, et al. Activity of pure and transition metal-modified CoOOH for the oxygen evolution reaction in an alkaline medium [J]. Journal of Materials Chemistry A, 2017, 5 (2): 842-850.

[312] Ye S, Wang J, Hu J, et al. Electrochemical construction of low-crystalline CoOOH nanosheets with short-range ordered grains to improve oxygen evolution activity [J]. ACS Catalysis, 2021, 11 (10): 6104-6112.

[313] Chen C, Tuo Y, Lu Q, et al. Hierarchical trimetallic Co-Ni-Fe oxides derived from core-shell structured metal-organic frameworks for highly efficient oxygen evolution reaction [J]. Applied Catalysis B: Environmental, 2021, 287: 119953.

[314] Li F L, Wang P, Huang X, et al. Large-scale, bottom-up synthesis of binary metal-organic framework nanosheets for efficient water oxidation [J]. Angewandte Chemie-International Edition, 2019, 58 (21): 7051-7056.

[315] Li W, Xue S, Watzele S, et al. Advanced bifunctional oxygen reduction and evolution electrocatalyst derived from surface-mounted metal-organic frameworks [J]. Angewandte Chemie-International Edition, 2020, 59 (14): 5837-5843.

[316] Wang Y, Zhang Y, Liu Z, et al. Layered double hydroxide nanosheets with multiple vacancies obtained by dry exfoliation as highly efficient oxygen evolution electrocatalysts [J]. Angewandte Chemie-International Edition, 2017, 56 (21): 5867-5871.

[317] Ghaemy M, Mighani H. Synthesis and identification of dinitro- and diaminoterephthalic acid [J]. Chinese Chemical Letters, 2009, 20 (7): 800-804.

[318] Markey K, Krueger M, Seidler T, et al. Emergence of nonlinear optical activity by incorporation of a linker carrying the p-nitroaniline motif in MIL-53 frameworks [J]. Journal of Physical Chemistry C, 2017, 121 (45): 25509-25519.

[319] Li F L, Shao Q, Huang X, et al. Nanoscale trimetallic metal-organic frameworks enable efficient oxygen evolution electrocatalysis [J]. Angewandte Chemie-International Edition, 2018, 57 (7): 1888-1892.

[320] Wu J, Wang Z, Jin X, et al. Hammett relationship in oxidase-mimicking metal-organic frameworks revealed through a protein-engineering-inspired strategy [J]. Advanced Materials, 2021, 33 (3): 2005024.

[321] Devic T, Horcajada P, Serre C, et al. Functionalization in flexible porous solids: Effects on the pore opening and the host-guest interactions [J]. Journal of the American Chemical Society, 2010, 132 (3): 1127-1136.

[322] Cheng W, Zhao X, Su H, et al. Lattice-strained metal-organic-framework arrays for bifunctional oxygen electrocatalysis [J]. Nature Energy, 2019, 4 (2): 115-122.

[323] Xie M, Ma Y, Lin D, et al. Bimetal-organic framework MIL-53 (Co-Fe): An efficient and robust electrocatalyst for the oxygen evolution reaction [J]. Nanoscale, 2020, 12 (1): 67-71.

[324] Wu F, Guo X, Wang Q, et al. A hybrid of MIL-53 (Fe) and conductive sulfide as a synergistic electrocatalyst for the oxygen evolution reaction [J]. Journal of Materials Chemistry A, 2020, 8 (29): 14574-14582.

[325] Li J, Huang W, Wang M, et al. Low-crystalline bimetallic metal-organic framework

electrocatalysts with rich active sites for oxygen evolution [J]. Acs Energy Letters, 2019, 4 (1): 285-292.

[326] Yu J, Xiong W, Li X, et al. Functionalized MIL-53 (Fe) as efficient adsorbents for removal of tetracycline antibiotics from aqueous solution [J]. Microporous and Mesoporous Materials, 2019, 290: 109642.

[327] Shen L, Liang R, Luo M, et al. Electronic effects of ligand substitution on metal-organic framework photocatalysts: the case study of UiO-66 [J]. Physical Chemistry Chemical Physics, 2015, 17 (1): 117-121.

[328] Wang Q, Shang L, Shi R, et al. NiFe layered double hydroxide nanoparticles on Co, N-Codoped carbon nanoframes as efficient bifunctional catalysts for rechargeable zinc-air batteries [J]. Advanced Energy Materials, 2017, 7 (21): 1700467.

[329] Huang C, Zou Y, Ye Y Q, et al. Unveiling the active sites of Ni-Fe phosphide/metaphosphate for efficient oxygen evolution under alkaline conditions [J]. Chemical Communications, 2019, 55 (53): 7687-7690.

[330] Rui K, Zhao G, Chen Y, et al. Hybrid 2D dual-metal-organic frameworks for enhanced water oxidation catalysis [J]. Advanced Functional Materials, 2018, 28 (26): 1801554.

[331] Zhou D, Wang S, Jia Y, et al. NiFe hydroxide lattice tensile strain: Enhancement of adsorption of oxygenated intermediates for efficient water oxidation catalysis [J]. Angewandte Chemie-International Edition, 2019, 58 (3): 736-740.

[332] Xie Y, Huang W, Liang Q, et al. High-performance fullerene-free polymer solar cells featuring efficient photocurrent generation from dual pathways and low nonradiative recombination Loss [J]. Acs Energy Letters, 2019, 4 (1): 8-16.

[333] Hendon C H, Tiana D, Fontecave M, et al. Engineering the optical response of the titanium-MIL-125 metal-organic framework through ligand functionalization [J]. Journal of the American Chemical Society, 2013, 135 (30): 10942-10945.

[334] Mohammadnezhad F, Kampouri S, Wolff S K, et al. Tuning the optoelectronic properties of hybrid functionalized MIL-125-$NH_2$ for photocatalytic hydrogen evolution [J]. Acs Applied Materials & Interfaces, 2021, 13 (4): 5044-5051.

[335] Wang Y, Tao S, Lin H, et al. Atomically targeting NiFe LDH to create multivacancies for OER catalysis with a small organic anchor [J]. Nano Energy, 2021, 81: 105606.

[336] Koper M T M. Theory of multiple proton-electron transfer reactions and its implications for electrocatalysis [J]. Chemical Science, 2013, 4 (7): 2710-2723.

[337] Wang Y Y, Yan D F, El Hankari S, et al. Recent progress on layered double hydroxides and their derivatives for electrocatalytic water splitting [J]. Advanced Science, 2018, 5 (8): 1800064.

[338] Wang Y Y, Zhang Y Q, Liu Z J, et al. Layered double hydroxide nanosheets with multiple vacancies obtained by dry exfoliation as highly efficient oxygen evolution electrocatalysts [J]. Angewandte Chemie-International Edition, 2017, 56 (21): 5867-5871.

[339] Cho I S, Logar M, Lee C H, et al. Rapid and controllable flame reduction of $TiO_2$ nanowires for enhanced solar water-splitting [J]. Nano Letters, 2014, 14 (1): 24-31.

[340] Meng C, Lin M C, Sun X C, et al. Laser synthesis of oxygen vacancy-modified CoOOH for highly efficient oxygen evolution [J]. Chemical Communications, 2019, 55 (20): 2904-2907.

[341] Yu J F, Martin B R, Clearfield A, et al. One-step direct synthesis of layered double hydroxide single-layer nanosheets [J]. Nanoscale, 2015, 7 (21): 9448-9451.

[342] Zhang X Y, Guo S H, Liu P, et al. Capturing reversible cation migration in layered structure materials for Na-Ion batteries [J]. Advanced Energy Materials, 2019, 9 (20): 1900189.

[343] Hunter B M, Hieringer W, Winkler J R, et al. Effect of interlayer anions on NiFe -LDH nanosheet water oxidation activity [J]. Energy & Environmental Science, 2016, 9 (5): 1734-1743.

[344] Rajakumar M, Manickam M, Gandhi N N, et al. Nickel centered metal-organic complex as an electro-catalyst for hydrogen evolution reaction at neutral and acidic conditions [J]. International Journal of Hydrogen Energy, 2020, 45 (7): 3905-3915.

[345] Nikolova D, Edreva-Kardjieva R, Gouliev G, et al. The state of (K)(Ni) Mo/gamma-$Al_2O_3$ catalysts after water-gas shift reaction in the presence of sulfur in the feed: XPS and EPR study [J]. Applied Catalysis a-General, 2006, 297 (2): 135-144.

[346] Xu P, Zeng W, Luo S H, et al. 3D Ni-Co selenide nanorod array grown on carbon fiber paper: Towards high-performance flexible supercapacitor electrode with new energy storage mechanism [J]. Electrochimica Acta, 2017, 241: 41-49.

[347] Kasyan L I, Kasyan A O, Tarabara I N, et al. Azabrendanes V. Synthesis and reactions of stereoisomeric exo- and endo-5-aminomethylbicyclo 2. 2. 1 hept-2-ene-based ureas [J]. Central European Journal of Chemistry, 2008, 6 (2): 161-174.

[348] Fringant C, Rinaudo M, Foray M F, et al. Preparation of mixed esters of starch or use of an external plasticizer: two different ways to change the properties of starch acetate films [J]. Carbohydrate Polymers, 1998, 35 (1-2): 97-106.

[349] Wang Y Y, Qiao M, Li Y F, et al. Tuning surface electronic configuration of NiFe LDHs nanosheets by introducing cation vacancies (Fe or Ni) as highly efficient electrocatalysts for oxygen evolution reaction [J]. Small, 2018, 14 (17): 1800136.

[350] Dutta S, Indra A, Feng Y, et al. Self-supported nickel iron layered double hydroxide-nickel selenide electrocatalyst for superior water splitting activity [J]. Acs Applied Materials & Interfaces, 2017, 9 (39): 33766-33774.

[351] Zhao Y F, Zhang X, Jia X D, et al. Sub-3 nm ultrafine monolayer layered double hydroxide nanosheets for electrochemical water oxidation [J]. Advanced Energy Materials, 2018, 8 (18): 1703585.